공부 감각, 10세 이전에 완성된다

옥스퍼드대 조지은 교수가 알려주는
평생을 좌우하는 공부 베이스

공부 감각, 10세 이전에 완성된다

조지은 지음

쌤앤파커스

세상에서 제일 어려운 일이 자식 공부시키는 일이다. 스스로 공부하는 아이는 대체 어떻게 만들어지는 걸까? 옥스퍼드 대학의 언어학자인 조지은 교수는 그 비밀은 바로 '공부 감각'이라고 말한다. 공부 감각을 가지고 있는 아이들은 새로운 것을 깨닫는 과정에서 큰 성취감을 느끼고, 공부야말로 인생에서 자기 내면을 온전하게 넓혀나갈 수 있는 지름길이라 여기며, 그래서 누가 시키지 않아도 자기도 모르게 스스로를 공부의 즐거움 속으로 추동해나간다.

공부 감각을 길러주기 위해서 또 다른 공부 전쟁을 시작할 필요는 없다. 조지은 교수는 오히려 부모들에게 남들과 치열하게 경쟁하지 않을 용기, 기다려줄 용기, 더 행복해질 용기를 요청한다. 정말 그

것만으로 가능할까 의문이 들지만, 이 책의 다양한 사례와 방법들은 그 의문에 대한 구체적인 해답을 제안한다.

자고 일어나면 트렌드가 변하는 엄청난 시대다. 이런 격변의 세상을 살아갈 아이들에게 꼭 필요한 자질은 무엇일까? 트렌드 연구자로서 감히 얘기해보자면 수용력, 창의력, 협동력이 중요하다. 지금처럼 개성을 억누르고 무한 경쟁을 유도하는 교육방식으로는 효과적으로 키우기가 힘든 자질이다. 내 자녀가 AI 시대를 선도하는 인재로 성장하기를 진정으로 원한다면 순위와 정답이 아니라 그 반대편에서 작동하는 공부 감각을 키워야 한다고 조지은 교수는 말한다. 이 책은 당장 아이 앞에 닥친 학업은 물론이고, 앞으로의 성공적인 커리어와 행복한 인생을 위해서 부모가 선택해야 할 방향을 분명히 해줄 것이다.

김난도(서울대학교 소비자학과 교수, 《트렌드 코리아》 저자)

언어학자이신 옥스퍼드대학교 조지은 교수님의 글은 어떤 교육자의 강연보다도 가깝게 느껴진다. 조용한 오후에 티 한 잔 천천히 우려 마시듯 잔잔하게 마음을 울린다. 인간은 자라면서 따로 열심히 노력하지 않아도 복잡한 언어를 자연스럽게 습득한다. 그러니 이 과정을 연구하다 보면 가장 효과적이고 자연스럽게 삶에 필요한 지식을 습득하고 지혜를 터득하는 방법을 알아낼 수 있다. 한 언어학자가 이 책을 통해 교육 생태계에 주는 울림은 섬세하고 차분하지만, 그 향은 진하고 강하게 남는다. 아이를 억지로 가르치기보다 스스로 깨우치게 해야 한다. 세상이 가라고 하는 길에 아이를 밀어 넣기보다 아이가 더 나은 길을 스스로 열어나갈 수 있도록 돕는 교육이 지금 절실히 필요하다. 이 책은 그런 교육의 방법들을 담고 있다.

특히 이 책에서 조지은 교수님은 부모가 돈을 많이 들여 힘들고 복잡하게 노력하지 않고 자연스럽게 자녀를 교육하는 방법들을 확연한 언어로 설명하고 있다. 교수님의 따님과 따님의 친구들을 관찰한 일화, 옥스퍼드대에 재직하시며 경험한 다양한 사람과 연구를 통해 얻은 깨달음을 티타임이라는 비유를 통해 전한다. 교수님의 글을 읽으며 나도 또한 교육자의 한 사람으로서 한국의 부모님들이 꼭 이 책을 읽어보셨으면 하는 간절한 마음이 들었다. 하나하나 너무나도 귀중하고 독자적인 역량을 타고난 우리 아이가 즐겁게 성장하며 마음껏 꿈의 나래를 펼칠 수 있도록 교육하고 싶다면, 이 책을 일독하기를 권한다.

봄날 아침 스탠퍼드대학교 캠퍼스에서 살짝 매콤함이 더해진 인도 차를 우려 마시며…….

폴김(스탠퍼드대학교 교육대학원 부학장)

어릴 적 공부는 학교에서만 하는 줄 알았습니다. 그 긴 시간을 씨름해온 시험 준비와 좌절의 기억은 우리에게 공부에 대한 공포를 심어주곤 했습니다. 책 속 "관찰하는 아이가 공부하게 된다."라는 문장에 눈이 멈춰집니다. 일상의 관찰이 공부의 시작점임을 일깨워줍니다. 친절한 저자는 "몰입, 놀이, 협업, AI 학습"과 같은 실천적 방법들이 "행복, 학습, 자존감, 가치관" 같은 우리의 이상과 어우러질 것임을 차분히 설명해줍니다. 변화가 빠른 시기, 삶을 위한 진정한 공부를 원하는 부모님들에게 차 한 잔과 함께 일독을 권합니다.

송길영(바이브컴퍼니 부사장, 마인드 마이너, 《그냥 하지 말라》 저자)

한국과 영국을 모두 잘 아는 저자가 우리의 양육 실태를 객관적으로 들여다보며 제안한 솔루션에 경의를 표한다. 이 책은 마치 영국식 티타임처럼 느긋하고 달콤한 방식으로도 얼마든지 아이를 잘 키울 수 있다는 용기를 심어준다.

공부는 모두에게 꼭 필요하다. 하지만 성공적인 공부가 높은 시험 점수의 동의어가 아니라는 주장에 절대 공감한다. 부모가 어린 자녀에게 키워줘야 할 것은 '공부 감각'이다. 한 인간으로서 당당하게 세상 앞에 서고 무엇이든 배우고자 하는 마음이다.

한국의 젊은 부모들은 성장하면서 무식한 시험과 잔인한 상대평가에 시달려 꿈과 자존감에 심한 손상을 입은 세대다. 그 상처를 다음 세대에게 고스란히 물려줄 게 아니라, 반면교사로 삼아 과감한 결단을 내려야 한다. 당장 눈앞에 휘날리는 아이의 객관식 시험 점수나 등수에 더는 휘둘리지 말길 바란다. 믿음, 기다림, 그리고 대화 나눔을 통해 우리 아이 고유의 감각을 일깨우면 분명 행복한 부모가 될 수 있다.

최나야(서울대학교 아동가족학과 교수, 《초등 문해력을 키우는 엄마의 비밀》 저자)

모든 부모님이 행복한 아이를 키우고 싶어 하지만, 아이가 공부도 잘했으면, 정확히 말하면 성적도 잘 받아 왔으면 하는 마음을 결코 놓지 못합니다. '성적을 잘 받는 것'이 학생뿐 아니라 자녀로서 최대 미덕으로 숭상되던 시절을 살아온 탓이지요. 챗GPT의 충격과 함께 이제 미래 교육은 달라져야 한다는 이야기가 귀가 아프게 들려오지만, 우리의 무의식 속에, 자녀의 백 점 시험지, 서울대 입학 통지서를 염원하는 마음은 여전히 남아 있습니다. 유년기의 경험과 부모로부터 주입받은 메시지란 그토록 강력한 것이니까요.

하지만 사람의 가치관과 마인드는 바뀔 수 있습니다. 어떤 말을 가까이하느냐에 따라서요. 다 함께 비슷한 시대를 살아온 부모님들끼리 주고받는 말속에 형성되는 교육 가치관이란, 낡은 시대에 머무를 수밖에 없지요. 새로운 시대를 내다보고, 새로운 교육 방향성을 열정적으로 탐구하는 학자들의 말을 많이 듣다 보면 자연스럽게 내

신념이 되기 시작하고, 의사결정에 영향을 미치기 시작합니다. 아이에게 뭔가 대단한 것을 해줄 필요도 없습니다. 어떤 교육 기관을 선택할까? 다들 한다는 학습지, 할까 말까? 오늘 하루 아이와 이떻게 시간을 보내볼까? 하는 크고 작은 의사결정들에, 내 가치관이 자연스럽게 녹아 나오기 시작하지요.

이 책은 부모님들에게 좋은 가치관의 씨앗을 심어주는 책입니다. 부모로서 아이에게 좋은 영향을 줄 수 있는, 좋은 가치관을 지닌 사람이 되어야겠다고 두 번 세 번 다짐하게 하는 책입니다. 낡은 시대의 가치관으로 아이를 대할 뻔했지만, 늦지 않게 이런 책을 만나 다행이라며 감사하게 하는 책입니다. 잘 정립된 가치관은, 부모가 어떤 교육 제도 안에서든, 어떤 환경 안에서든 자녀를 위한 최선의 의사결정을 내릴 수 있게 도와줄 거예요. 그렇게 부모로부터 좋은 마인드를 배운 아이 또한, 어떤 환경에서든, 변화하는 시대 속에서도, 스스로 최선의 의사결정을 내려가며 빛날 것이고요.

돌이켜보면 저는 좋아하는 것을 하면서 살 수 있어 늘 행복했습니다. 서울대-대기업 루트를 타서 한국 기준으로 '성공한 자녀'를 키운 저희 엄마에게 주변 사람들이 비결을 물으면 저희 엄마는, '그냥 저 하고 싶은 거 하게 됐다'고 말하곤 하셨죠. 초등학생 때까지는 눈 뜨고 잠들 때까지 놀았습니다. 중고등학생 때엔 소설책에 푹 빠져 밤잠을 설치기도 했고, 취미였던 검도를 계속하려고, 야간자율학습을 거르기 위해 선생님과 사투를 벌이기도 했지요. 고등학교 시절 논술 학원에 다닐 때는 선생님과 다양한 사회 이슈에 대해 토론하는 게 너무 재미있어, 학원에 가는 날이 아닌데도 학원에 나가서 선생님과 이야기할 기회를 찾곤 했습니다. 대학 다닐 때 제가 가장 많은 시간을 보낸 곳은 도서관이 아닌, 클래식 음악을 하이엔드 스피커로 감상할 수 있는 음악 감상실이었죠. 공부하며 머리에 넣은 지식이 아닌, 이 모든 과정 속에서 저는 이 세상을 살아나가는 데 필요한 마인드와 열정, 행복해지는 법을 배웠습니다. 연봉 높고 복지 좋은 대기업을 나와 제 열정을 좇는 일을 할 수 있게 된 것도 그 덕분이었어요.

이 책에는, 이 모든 것이, 서울대와 대기업이라는 '결과'가 아닌 그 '과정'이 왜 중요한지, 우리가 진짜 신경 써야 할 것이 무엇인지가 구구절절 담겨 있습니다. "어떻게 하면 아이가 공부를 잘하게 될까요?" "지능 검사를 한번 해보면 도움이 될까요?" "뭘 가르쳐야 미래에 아이가 성공할까요? 코딩 교육을 하면 되나요?" 이렇게 질문하시는 모든 부모님들께 제가 마음 깊은 곳으로부터 드리고 싶었던 답변들이, 앞으로는 이 책 한 권이면 해결될 것이기에 참으로 든든합니다.

조지은 교수님과는, '영유아 영어 노출의 방향성'이라는 주제로 부모님들 대상 웨비나를 만들며 만났습니다. 영어 교육에 관심은 많지만 어떤 게 정말 아이에게 좋은 방향성인지 알지 못해 갈팡질팡하고, 수많은 교육 회사들의 압박 마케팅 속에 힘들어하는 부모들에게,

진짜 이중언어 학자의 '좋은 말'을 꼭 들려주고 싶다는 간절한 마음으로 메일을 보냈지요. 당시 옥스포드 영어사전 관련 일로 굉장히 바쁘셨는데도 흔쾌히 참여해주셔서 정말 감사했는데, 웨비나를 진행하면서, 참여해주신 이유를 알 수 있었습니다. 한국의 아이들이, 학습 위주의 영어 교육에 짓눌리지 않고 행복하게 영어라는 언어, 그리고 그를 매개로 하여 더 넓은 세계를 만날 수 있었으면 좋겠다는 진심 어린 마음과 사명감이 느껴졌거든요. 이 책을 읽으실 때도, 교수님의 그 선한 마음이 내내 느껴져서 따뜻했습니다. 많은 분들이 읽고, 가치관이 변하고 사고의 지평이 넓어지는 경험을 하실 수 있길, 그 과정에서 행복감과 육아 유능감을 느끼시길 진심으로 바랍니다.

박정은 (《베싸육아》 저자, 〈베싸TV〉 콘텐츠 크리에이터)

우리는 지금 아이의 미래를 갉아먹고 있다

한국에 가끔 갈 때마다 친구와 지인 들의 한숨이 끊이지 않는 모습을 보았다. 아이 교육만 생각하면 골치가 아프다는 것이었다. 부모뿐 아니라 아이들도 그래 보였다. 친구는 교육비 부담이 많이 되지만, 남들 다 보내는 영어 유치원, 학원을 우리 아이만 안 보낼 수 없어 보내고 있다고 말했다. 그러다가 나는 영국에서 영어 울렁증을 연구하게 되었고 한국 아이들의 영어 울렁증 문제가 심각하다는 사실을 알게 되었다. 어떤 엄마는 아이의 울렁증 스트레스를 문제 삼던 선생님을 비난했다. 참 혼란스러웠다. 이렇게 많은 투자를 하면서 모두가 내리막길을 걸어야 한다니.

그런데 나는 정말 한국 특유의 경쟁적인 환경과 교육 정책 때문에 아이를 획일적인 방식으로 공부시킬 수밖에 없다는 지인들의 말을 의심할 수밖에 없었다. 나는 한국에서 초중고를 공부하고, 서울대에서 학부와 석사를 했다. 영국에서 언어학으로 박사학위를 받았고 옥스퍼드대에서 15년 가까이 교수로 일하고 있다. 아동의 언어발달을 연구하며 한국과 영국을 두루 경험한 교육자고, 두 딸을 나만의 방식으로 키우는 엄마다. 옥스퍼드대학교에서 신입생을 선발하는 과정에 참여하며 일류 대학과 미래 사회가 어떤 인재를 원하는지 매일같이 골몰하기도 했다.

한국의 교육 환경을 이해하지 못하는 것은 아니지만, 어쩌면 한국 부모들에게 필요한 것은 완벽한 환경이 아니라 아이를 올바르게 키울 당위와 용기가 아닐까 하는 생각이 들었다. 그간 내가 옥스퍼드에서 연구한 것들과 우리 아이들을 양육한 경험을 통해 한국 부모들에게 아이와 부모 모두가 행복하게 공부할 수 있는 방법이 있다는 걸 알리고 싶었다.

2023년 1월 5일, 일론 머스크는 본인의 트위터 계정에 아래와 같은 글을 남겼다. "It's a new world. Goodbye homework!(이제 새로운 세상이다. 숙제여 안녕!)" 해당 글이 업로드되기 이틀 전, 미국 뉴욕시 교육부는 교사와 학생 들이 학교 네트워크나 전자기기를 사용해서 챗GPT를 사용하는 것을 막겠다고 알렸다. 챗GPT는 일론 머스크가 공동 창립자 샘 알트만Sam Altman과 설립한 AI 연구소 오픈AI에서 개발한 대화형 AI 챗봇이다. 2022년 말에 출시되어 두 달 만에 하루 이용자 1,000만 명을 돌파한 이 AI 서비스는 전 세계 교육 현장에 지각변동을 일으키고 있다.

챗GPT를 사용하면 누구든 간단한 질문만으로 궁금한 것에 대한 답을 손쉽게 얻을 수 있다. 우리가 챗봇과 주고받는 질문, 대답이 하나의 대화를 이루며 맥락을 만들어 가기 때문에 정교하고 유연한 질문도 가능하다. 이제 지식과 정보에 접근하는 방식이 완전히 달라졌다. 검색 사이트에서 키워드를 바꿔 가며 검색을 해본다든지, 온라인 논문과 이북을 찾아본다든지, 온라인 게시판에 질문을 남겨두고 언제 달릴지 모르는 전문가의 답변을 기다릴 필요가 없어졌다. 아직은 데이터의 학습량이 제한적이기 때문에 답변들이 완벽하다고 할 수는 없다. 하지만 지금 이 순간에도 끊임없이 학습하는 AI의 특성상 앞으로 그 성능은 엄청난 속도로 개선될 것이다.

세계 곳곳의 학교도 챗GPT의 영향력을 체감 중이다. 학생들이 이 챗GPT로 숙제하기 시작했고, 교사들은 이 같은 시도를 막기 위해 고군분투하고 있다. 뉴욕시에서는 챗GPT의 교내 사용을 금지했지만, 현실적으로 학교 바깥에서의 사용을 막기는 어렵다. 영국을 포함한 75개국 대학에서 인정하는 고교 과정 IB 디플로마 프로그램을 제공하는 국제 바칼로레아International Baccalaureate는 2023년 2월 27일, 학생들의 챗GPT 사용을 막지 않겠다고 알렸다. 일론 머스크가 말한 "숙제여 안녕!"이라는 말은 빠른 속도로 변화하는 세상을 받아들이라는 말로 들린다.

한국인들은 대부분 학교에서 암기와 요약으로 대표되는 교육을 받아왔다. 시험 기간 동안 교과서 내용을 달달 외운 후에, 모두가 같은 시험지를 받아 들고 외운 내용을 써내면 됐다. 그리고 암기한 지식과 정보의 양을 비교해 평가받았다. 이 평가를 손에 쥐고 우리는 사회에 진출했다. 한 분야의 지식을 많이 가지고 있는 사람은 그 분야의 전문가가 되었다.

2001년에 '디지털 네이티브Digital Native'라는 단어가 생겨났고 20여 년이 지난 지금, 나는 알파세대인 우리 아이들을 'AI 네이티브AI Native'라고 부르려고 한다. 태어난 직후부터 시리Siri, 알렉사Alexa와 대화하는 아이들은 앞으로 우리가 상상하기 힘든 미래 세상을 살아갈 것이다. 세상이 이렇게 빠르게 변하고 있는데, 우리는 예전 세대의 가치관을 지금 세대, 미래 세대 아이들에게 강요하고 있다. 2040년대, 2050년대에 성인이 될 아이들이 과연 기존과 동일한 교육의 도움을 받을 수 있을까? 앞으로의 세상에서 살아가기 위해 아이들에게는 다른 힘이 필요하지 않을까? 우리는 아이들이 그 힘을 기를 수 있도록 어떻게 도와줘야 할까?

지난 20세기 교육의 모토는 '표준화'였다. 모든 아이들이 모든 과목에서 '평균은 하도록' 만들어 표준화된 일을 할 수 있게 만드는 것이 교육의 주된 목표였다. 그러나 이제는 탈脫 표준화의 시대다. 평균에 집착하는 표준화에서 벗어나 아이들 각자의 개성과 창의성을 키울 수 있는 교육이 필요하다. 빨리빨리 정보를 전달하는 암기식 교육을 버리고 아이들이 관찰과 이해, 질문과 대화를 할 수 있는 시간을 충분히 줘야 한다. 책상 앞에서 홀로 외롭게 버티는 공부에서 벗어나, 세상에 대한 상상력을 넓힐 수 있는 창의력 교육과 다른 사람들과 공존하며 살아갈 수 있는 감성 교육이 필요한 때다.

아이의 행복한 인생을 진정으로 원한다면 아이가 아니라 부모부터 바뀌어야 한다. 다람쥐 쳇바퀴 돌듯이 아이들에게 책상 공부를 강요하거나 남들 시키는 만큼은 하기 위해 동분서주하지 않도록 스스로를 다그쳐야 한다. 아이들이 각자 자신의 재능을 찾고 그 재능을 최대한 꽃피우도록 도와야 한다. 물론 교육이 바뀌고 사회가 바뀌어야 하지만 필요한 변화의 규모가 클수록 개인부터 시작해야 한다. 교육 정책이 바뀔 때까지 기다리기엔 너무 늦다. 우리 아이에게 제대로 교육할 기회를 놓치고 만다. 부모가 지금 바로 알맞은 교육을 실천해야 하는 이유이다. 개개인의 실천이 모인다면 결국 더 큰 변화를 위한 티핑 포인트가 만들어질 것이다.

꼭 학자가 되고 교수가 되지 않더라도 인생은 공부의 연속이다. 그런데 공부에도 감각이 필요하다. 이 감각이 생생할 때 아이는 즐거운 공부, 내실 있는 공부를 할 수 있다. 아이들의 공부 감각을 일깨우는 데 가장 큰 역할을 할 수 있는 사람은 부모다. 문제를 반복적으로 많이 풀게 하고 오랜 시간 책상에 앉아 버티게 독려하면 공부 감각은 오히려 점점 무뎌질 가능성이 크다. 공부 감각은 공부에 대한 개방적인 태도, 논리적인 접근, 적극적인 표현 등 여러 가지 측면에서 종합적으로 형성된다. 무엇보다 지금 아이들이 발전시켜야 하는 감각은 주변 환경과 사물에 대한 호기심, 탐구심, 즐거움이다. 이 감각이 없다면, 당장 학업에 두각을 나타내더라도 후에 공부가 더 넓고 깊어져야 할 때 벽에 부딪힐 것이다. 이 공부 감각을 찾는 첫 번째 단계는 아이가 무엇에 즐거워하는지 파악하는 것이다.

언어학자로시 생각해보면 공부는 지식 습득의 양태가 언어와 닮았다. 언어를 잘 습득하기 위해서 학문적인 학습을 넘어 타인들과 부딪히며 감각을 일깨워줘야 하듯, 공부를 잘하기 위해서도 타인, 특히 부모와의 상호작용이 필요하다. 그리고 이 과정에서 꼭 필요한 것이 '부모의 기다림'이다. 이 책에서 나는 아이 공부를 영국의 차 문화에 비유하여 서술했다. 영국에서 티타임은 기다림의 시간이다. 영국인에게 티는 커피처럼 금방 내려서 뜨거움을 달래며 급하게 마시는 음료가 아니다. 우리 집은 시아버님께서 부모님께 물려받은 덴마크산 찻주전자에 매일 물을 끓인다. 브렉퍼스트 티, 애프터눈 티를 되도록 놓치지 않으려 한다. 우리 아이들은 쓴 티에 우유를 넣어 마신다. 티타임은 바쁜 하루에 여유를 선물한다. 아침에 찬찬히 하루를 전망할 수 있게 하고 오후에는 한숨 돌리고 다시 일을 시작할 활력을 준다. 가족, 동료와 서로를 들여다볼 수 있는 소통의 시간이기도 하다. 이런 시간은 삶에 탄력을 만들어 하루를 두세 배로 풍부하게 실감하며 살 수 있게 해준다.

지금 우리 아이들의 교육에 필요한 것은 이런 게 아닐까. 행복한 삶을 살아가기 위해서는 반드시 공부를 해야 한다. 하지만 여기서 우리가 생각하는 공부가 세상을 잘 헤쳐나가기 위한 공부가 맞다면, 조급한 마음으로는 제대로 성취하기 힘들다. 이 책을 읽는 부모님들이 잠시 아이 교육에 대한 조급한 마음을 내려놓고 따뜻한 차 한잔과 함께 이 책을 펼쳐줬으면 좋겠다. 넓게 생각해보고 깊이 교육하기를 바란다.

2023년 4월
영국 옥스퍼드에서
조지은

[차례]

1장

학습 감각

: 공부의 감각을 깨우려면 기다림이 필요하다

영국인들은 매일 여러 차례 티를 마신다. 아침에는 브렉퍼스트 티, 11시에는 일레븐시즈, 오후에는 애프터눈 티, 저녁에는 하이 티까지 즐기니 영국의 차 사랑은 타 국가의 추종을 불허한다. 티타임은 여유를 즐기는 시간이다. 이들은 서둘러서는 맛있는 차를 즐길 수 없다는 것을 안다. 차를 향이 풍부하되 쓰지 않게 우려내기 위해서는 끓는점에 가까운 온도, 차가 우러날 때까지 기다릴 인내심이 필요하다. 뜨겁게 내린 차는 급하게 마실 수도 없다. 그렇게 천천히 차를 마시다 보면 어느새 카페인 기운에 피로가 달아난다. 천천히 기다리다 보면 듬직하게 성장하는 아이들처럼 말이다.

달리기 경주를 하던 토끼와 거북이가 있었다. 느리지만 쉬지 않고 걸어간 거북이는 경주 도중에 잠든 토끼를 이길 수 있었다. 여름을 지내고 겨울을 맞이한 개미와 베짱이가 있었다. 무더운 여름 동안 부지런히 일한 개미는 추운 겨울을 이겨내지만 놀기만 했던 베짱이는 그럴 수 없었다. 쉬지 않는 거북이와 부지런한 개미. 수많은 이솝 우화 중 〈토끼와 거북이〉, 〈개미와 베짱이〉는 한국에서 특히나 인기가 있는 것 같다.

거북이와 개미가 보여주는 근면함과 성실함은 모두가 가져야 할 미덕으로 여겨진다. 이는 아이들의 교육에도 마찬가지로 적용된다. 4시간을 자면 시험에 합격하고 5시간을 자면 떨어진다는 '4당5락'이나 '공부는 엉덩이로 한다'는 표현을 많이 들어봤을 것이다. 언젠가 순공(순수하게 공부만 하는 시간) 17시간을 달성한 초등학생의 이야기가 화제가 되기도 했다. 반면 잠깐 휴식을 취하기 위해 잠을 청하는 토끼나 기타 치고 노래 부르며 여름 내내 노는 베짱이의 모습은 우리 아이들이 가장 피해야 할 사례로 여겨진다. 하지만 과연 근면·성실하게, 열심히, 오랜 시간 책을 붙들고 책상 앞에 앉아 공부하는 것이 아이들의 미래를 위한 해답일까?

아이들에게 세상은 새로운 것투성이다. 모두 공부해나가야 할 대상이다. 그렇기에 아이들에게는 책상을 박차고 나가 자신을 둘러싼 넓은 세계를 관찰하고 탐험할 기회가 주어져야 한다. 그것도 모르냐는 핀잔을 들을 두려움에 호기심을 삼켜버리는 대신, 자신 있게 표현할 수 있어야만 한다. 아이들은 항상 창의적인 질문을 만들고 설레는 마음으로 해답을 찾는다. 공부를 꽃피우는 씨앗은 바로 그 마음에 있다.

아이들이 온실 속 화초로 자라나지 않도록, 조금은 거칠게 키울 필요도 있다. 세상 밖으로 나가는 것을 두려워하지 않는 튼튼한 마음을 가지도록 도와줘야 한다. 그렇게 하기 위해서는 아이들에게 실수와 실패의 경험이 풍부해야 한다. 아이들이 넘어지거나 실수해서 속상해할 때, 오히려 칭찬과 격려를 해주자. 이런 경험들이 아이들의 건강한 삶에 큰 도움을 줄 것이다.

아이들에게는 긴 인생이 펼쳐질 것이다. 그리고 공부에는 끝이 없다는 것을 알게 될 것이다. 인생이라는 긴 마라톤을 이제 막 시작한 아이들에게 무작정 빠르게 뛰기를 요구하다가는 큰 탈이 생길 수 있다. 평생 해야만 하는 공부에서 행복을 찾을 학습 감각을 기르는 것, 아이와 부모가 함께 골몰할 과제다. 학습 감각은 학원에서 기를 수 없다. 아이의 삶 속에서, 집에서 엄마 아빠와의 끊임없는 소통에서, 세상을 향한 탐구심 속에서 키워나가야 한다.

차는 쓴맛에
익숙해지면
그때부터 맛있다

질문 없이 쌓은 100점이
문제인 이유

　　서울대학교 학부 1학년 때, 오리엔탈리즘 연구로 유명한 에드워드 사이드Edward Said 박사가 학교를 방문했다. 강당이 가득 찰 정도로 성황이었다. 강의는 조금 어려워서 내용을 완전하게 이해하지 못했지만, 사이드 박사의 열정만은 느낄 수 있었다. 그렇게 강의가 끝난 후 질의응답 시간이 찾아왔다. 하지만 강당을 채운 수많은 사람 중 그 누구도 사이드 박사에게 질문하지 않아 침묵이 이어졌다. 심지어 대학원 선배나 교수 들조차 질문하지 않았다. 사이드 박사는 매우 당황한 모습이었다.

　　2010년 서울 G20 정상회담 당시 버락 오바마 미국 대통령이 한국을 방문했을 때도 비슷한 일이 있었다. 오바마 대통령은 연설을 끝낸 후 한국 기자들의 질문을 기다렸다. 아무도 질문하지 않자 정말로 질문이 없는지 묻고 또 물었다. 결국 중국 기자가 질문했다. 기자들은 왜 질문하지 않았던 걸까? 영어 실력에 자신감이 없어서 그랬을까? 궁금한 것이 전혀 없었을까?

　　한국에서는 질문 자체를 윗사람에 대한 도전으로 받아들인다. 나도 한국에서 종종 강의할 때 늘 질문이 없어 놀라곤 한다. 한 번은 교수들을 대상으로 했던 강의에서 한 교수님으로부터 아무 피드백도

받지 못해 내심 내 강의를 못 마땅해하시는 건 아닐까 걱정했다. 그런데 나중에 초청하신 분을 통해 들은 바 그 교수님은 전혀 그런 생각을 하지 않으셨다고 한다.

영국에 처음 유학 왔을 때, 질문이 많은 영국 학생들은 내게 커다란 충격이었다. 심지어 교수가 말하는 도중에 말을 끊고 질문하는 학생들도 있었다. 나중에 조교를 하면서 깨달았다. 영국 학생들은 수업 내용을 잘 모르면서도 그럴듯한 질문을 할 수 있다는 것을 말이다. 그때 무릎을 탁, 치게 됐다. '아, 모르니까 질문하는구나! 모르고도 당당할 수 있구나!' 우리는 무언가를 모르면 아는 사람 앞에서 마치 죄인이 된 듯 쪼그라든다. 그런데 영국 학생들은 자신이 무지하다는 사실에 큰 자의식이 없었다. 이상한 질문, 엉뚱한 질문을 부끄러워하지 않았다.

2005년 미국 MIT에서 원로 언어학자 노암 촘스키Noam Chomsky 교수의 강의를 들은 적이 있다. 강의의 숙제는 매번 질문을 한 가지씩 찾아오는 것이었다. 좋은 질문을 찾아온 학생에게는 좋은 점수를 주셨다. 질문하는 능력과 습관은 상상력을 부추긴다. 나는 부모들에게 아이가 머릿속에 100점을 맞을 수 있는 시험 기술이 아니라 호기심과 질문을 풍부하게 키울 수 있도록 도우라고 말하고 싶다. 질문하는 자신을 자랑스럽게 생각하도록 환경을 조성해주었으면 좋겠다. 이를 위해서는 부모가 먼저 아이의 말에 귀를 기울이고 경청하는 모습을 보여야 한다.

　나는 대학 시절부터 지금까지 '질문 노트'라는 것을 쓰고 있다. 우여곡절 많던 유학 시절은 머릿속의 수많은 질문을 눈치 보지 않고 편안하고 자신감 있게 하기 시작한 순간부터 반전되기 시작했다. 질문 노트에는 사소한 것부터 무겁고 형이상학적인 질문까지 무엇이든 적을 수 있다. 중요한 것은 답을 구하는 게 아니라, 질문하는 행위 그 자체라는 점을 기억해야 한다.

　나는 책을 읽을 때도 내용을 엄밀하게 파악하기보다 질문을 건져 올리는 데 집중한다. 그래서 정독하지도 않는다. 저자에게 동의하지 않는 부분, 혹은 저자의 의견으로부터 더 확장된 질문이 내면에 생기면 책을 덮는다. 내용은 인터넷에 검색해보면 다 나오기 때문이다. 아이에게 책을 읽어줄 때 아이의 의견을 계속 되묻고, 아이가 중간에 말을 하더라도 제지하지 말아야 하는 이유도 이 때문이다. 아이는 책을 읽으면서 내용을 속속들이 이해하기보다는 내용에 대해 속속들이 질문하는 능력을 길러야 한다. 질문 노트는 질문 스케치북, 질문 영상이 될 수도 있다. 오늘 바로 아이에게 질문 노트를 만들어주는 게 어떨까?

　언젠가 한국의 대학생들이 왜 질문하지 않는지에 대해서 고려대학교 학생들과 대화를 나눈 적이 있다. 학생들은 자신이 강의의 흐름을 끊을까 봐, 혹은 튀어 보일까 봐 질문할 수 없다고 했다. 결국 남들이 나를 어떻게 볼지 두려워서 입을 열지 못한 것이다. 나는 이쯤에서 질문을 던지고 싶다. 좀 튀면 안 될까? 남들과 좀 다르면 안 될까? 일부러 튀는 아이가 될 필요는 없다. 그렇지만, 좀 튀는 행동을 하거나 좀 튀는 생각을 품은 아이들을 바라보는 우리의 시선은 반드시 바뀌어야 한다. 다른 것은 틀리거나 이상한 게 아니다. 우리 아이만의 유별난 생각과 행동이 아이의 인생을 어디로 이끌게 될지 지켜보고 응원하는 것이 부모의 역할이다.

이제 현실로 다가온 AI 시대에는 질문하는 능력이 더욱 중요해졌다. 앞으로 AI는 학술의 기술적 영역에서 큰 역할을 할 것이다. 답을 찾아내는 속도는 AI를 따라갈 수 없다. 하지만 AI는 아직 정교한 질문을 만들어낼 수 없다. 앞으로는 AI가 올바른 답을 도출하도록 올바른 질문을 할 수 있는 인재들이 큰 기회를 잡을 것이다. 부모는 아이가 멈춰서서 무언가를 관찰할 때 관찰한 것에 대해 상상하고 질문할 때까지 기다려야 한다. 상상력, 질문력을 기르기 위해서는 충분한 시간과 여유가 필요하다.

독일의 철학자 루드비히 비트겐슈타인Ludwig Wittgenstein은 우선 생각 없이 무언가를 바라보면 발견하고 얻을 수 있는 게 많다고 했다. 아이가 이 과정에서 얻는 것은 상상에서 비롯된 독창적인 생각이다. 다람쥐 쳇바퀴 도는 암기식 교육, 주입식 교육을 통해서는 얻기 힘든 것이다. 세상은 점점 이와 같은 공부를 구시대의 유물로 취급할 것이다. 이미 세계의 일부 아이들은 메타버스를 탐구하고 VR에서 식물과 곤충을 키우며 공부한다. 변화는 생각보다 빠르다. 닥쳐올 변화를 위해 아이에게 목적성 없이 생각하고 창의적인 질문을 만들어낼 시간을 허락해야 한다.

_____ 아이가 틀을 깰 수 있게
_____ 돕는 법

어떤 부모들은 아이가 태어나기도 전에 책으로 아이 방을 도배해버린다. 유아를 위한 수십만 원의 비싼 브랜드 전집도 인기가 많다. '가나다라', 'ABCD'처럼 한글이나 영어 알파벳이 적힌 포스터로 가득한 벽은 아이가 있는 집에서는 흔히 볼 수 있는 풍경이다. 그런데 이 수많은 책과 기호들 사이에 아이가 비집고 들어갈 공간은 없어 보인다. 발을 떼기도 전에, 말을 시작하기도 전에, 아이는 부모가 미리 만들어놓은 틀에 갇혀버린다.

아이 교육에도 고정 관념이 있다. 육아에 필요한 정보를 검색하다 보면 마치 접두사처럼 '국민–'이 붙은 상품들을 보게 된다. 몇 살이 되기 전에 어떤 과목을 선행 학습 하고, 영어 유치원에 보내야 하는지 육아 로드맵을 확인할 수도 있다. 이미 검증되어 정답처럼 여겨지는 육아 정보들이 정말 유용한 경우도 많다. 하지만 그 모든 정보가 아이에게 도움이 될 거라는 생각은 안일하고 위험하다. 남들이 많이 가는 길은 결국 아이를 다른 아이들과 똑같게 만드는 길일 수도 있다.

한국 아이들은 피아노를 배울 때 항상 체르니 몇 번까지 배웠는지를 기준으로 삼는다. 나는 영국에서 아이들이 피아노를 배울 때 바이엘, 체르니 등의 진도를 언급하는 대신 좋아하는 곡, 작곡가, 음악가에 대해 이야기하는 모습을 본다. 우리는 아이들이 배움의 결과보다 배움의 과정에서 얻는 즐거움에 더 집중할 필요가 있다.

요즘 한국은 인사말 대신 MBTI를 묻기도 할 정도로 성격 유형에 관심이 많다. 누군가를 쉽고 빠르게 파악하기 좋은 수단인 것은 분명하다. 그런데 사실 심리학적으로 성격은 고정된 방식으로 개념화하기 어렵다. MBTI는 성격에 대한 과도한 일반화의 우려가 있다. 성격은 고정되어 있지 않다. 상황에 따라, 문맥에 따라, 경험에 따라 계속해서 변화한다. 고정값보다는 계속 변화하는 스펙트럼에 가깝다. 또 시간이 흐르면서 아예 바뀌기도 하는, 유동적인 개념이다. MBTI는 너무 간편하고 쉬운 방식으로 상대의 성격을 규정한다. 꼬리표를 붙여서 자기 자신이나 상대의 행동을 예측하거나 판단하려고 한다. 프로그래머이자 기업가인 폴 그레이엄Paul Graham은 "자기 자신에게 붙이는 꼬리표의 수가 많아질수록 멍청해진다."라고 표현했다. 부모는 아이를 대할 때 아이 자체를 바라보려고 노력해야 한다. 여자라서, 남자라서, 수줍음이 많아서, 집중을 못해서 등의 수식을 되도록 지양하는 연습이 필요하다. 특히 다른 사람들 앞에서 아이를 소개할 때 아이가 자신에 대한 수식을 듣고 스스로를 틀에 가두지 않도록 유의해야 한다.

나는 IQ가 도대체 어떤 의미가 있을까 늘 궁금했다. 아이들은 학교에서 하는 IQ 검사에서 IQ가 낮게 나오면 의기소침해지고, 높게 나오면 반대로 득의양양해진다. IQ는 운이나 컨디션, 혹은 나이에 따라 달라진다. 그 숫자 하나에 아이의 가능성과 잠재력이 갇힌다고 생각하면 너무 아찔하다. 내 지인의 경우 아이가 중학교 때 전교에서 IQ가 제일 높다는 연락을 담임 선생님을 통해 받았지만, 그 사실을 아이에게 전하지 않았다고 한다. 아이의 삶의 태도가 바뀔 것 같았기 때문이라고 했다. 이후 아이가 고등학교 때 받은 IQ 검사에서는 평균 수치가 나왔다고 한다. 그는 중학교 때 아이가 자기 IQ로 말미암아 허상과 같은 자만심을 갖지 않아 너무 다행이라고 했다.

영국에서는 이런 종류의 검사를 하지 않는다. 나는 IQ 검사에서 아이들의 능력에 미리 순서를 매기려는 의도를 본다. 한국은 IQ가 높은 아이를 영재라고 부른다. 많은 부모가 자기 아이를 영재로 키우고 싶어 하는 것 같다. 반면 영국은 영재나 영재 교육에 별로 관심이 없다. 아이들에게 '영재', '천재' 등의 꼬리표를 붙이면 큰 부담을 지울 수 있기 때문이다. 아이는 이때 영재나 천재에 걸맞지 않는다는 이유로 특유의 엉뚱한 상상이나 행동을 스스로 억압할 가능성이 있다. 진짜 영재나 천재를 틀에 박힌 바보로 만드는 길이다.

열 길 물속은 알아도 한 길 사람 속은 모른다. 자기 마음도 알기 어려운 게 사람이다. 다른 사람의 마음이야 더욱 파악하기 힘들다. 아이도 마찬가지다. 소아정신과 의사인 천근아 연세대학교 교수는 병원을 찾는 아이가 이전에 비해 크게 늘었다고 말한다. 자기 아이가 다른 아이들에 비해 조금이라도 다르면 아이에게 문제가 생겼다고 생각하는 부모가 근래에 더 많아졌다는 것이다. 아이들의 행동을 보고 부모가 미리 병명을 진단하고 오는 경우도 많다고 한다. 이미 색안경을 쓰고 온 부모들에게는 아이에 대한 다른 시각은 잘 설득되지 않는다. 아이의 모든 말과 행동을 이미 상정한 프레임에 맞춰 해석해 버리기 때문이다.

지금 있는 그대로 아이의 생각과 감정을 받아들이려 해보자. 내가 부모니까 아이의 모든 것을 알 수 있으리라는 생각은 금물이다. 아이가 내면의 목소리를 스스로 꺼내놓을 수 있도록, 아이에 대한 모든 틀과 관념을 허물고 아이에게 더 가까이 다가가자.

_____ 혼자 수습할 때까지
_____ 기다려라

　　처음 영국에 와서 살게 된 집 근처에 다리가 하나 있었다. 자전거를 타거나 걸어서만 건널 수 있는 곡선 형태의 좁고 긴 다리였다. 어느 날, 그 다리를 건너고 있는데 3세 정도 되는 듯한 아이가 다리 위에서 페달 없는 유아용 자전거를 끌고 끙끙대며 경사를 오르는 걸 보았다. 헬멧을 쓰고 있었지만, 내리막길은 아이에게 위험해 보였다. 아이의 모습을 보자마자 나도 모르게 '저러다가 내리막길에서 넘어질 텐데.'라는 혼잣말이 절로 나왔다.

　　주위를 둘러보니 아이로부터 몇 걸음 떨어지지 않은 곳에 보호자가 보였다. 불안해하는 나와 달리 그저 아이를 지켜보면서 느긋하게 걷고 있었다. 마침내 아이는 다리의 가장 높은 곳에 다다랐고, 이내 서서히 내리막길을 내려가기 시작했다. 잘 내려가던 아이는 결국 다리가 끝나는 지점에서 제대로 넘어지고 말았다. 꽤 속도가 붙은 상태에서 넘어졌다. 하지만 보호자는 원래의 속도로 아이가 넘어진 곳을 향해 뚜벅뚜벅 걸어왔다. 그러더니 아이가 스스로 일어나기를 기다렸다가 자전거를 일으켜줬다. 아이도 전혀 울지 않았다. 다시 자전거에 올라타더니 아무 일도 없었다는 듯이 앞으로 나아갔다.

　　그 모습은 짧지만 강렬한 기억으로 남아 있다. 그 후에도 동네에 있는 크고 작은 공원에서 종종 자전거를 타는 아이들을 본다. 아이들은 넘어지고 일어나고 또다시 넘어지고 일어난다. 자전거 타는 법을 온몸으로 느끼며 배운다. 하지만 그 과정에서 부모들은 "조심해.", "다칠라.", "넘어지겠다."와 같은 말을 하지 않는다. 아이들이 넘어져도 별일 아니라는 듯 먼발치에서 지켜본다. 걱정스런 눈을 하고 있던 나도 이제는 온몸으로 부딪치며 자전거를 배우는 아이들에게 대견함을 느낀다.

잘 생각해보면 아이들이 속도도 빠르게 내지 못하는 어린이용 자전거를 타다 넘어지는 일은 별일이 아니다. 또 한 번도 넘어지지 않고 처음부터 자전거를 잘 타기도 힘들다. 어릴 때 넘어졌던 수많은 경험은 오히려 나중에 더 크고 빠른 자전거를 탈 때 생길지도 모르는 큰 위험을 방지할 수 있게 해준다. 과하게 걱정하는 표정과 말투는 아이들을 실제로 다친 것 이상의 일이 생긴 것은 아닌지 두렵게 한다. 아이는 넘어질 걱정에 자전거를 다시 탈 용기를 내기 어려워진다.

이는 아이가 인생에서 처음 맞는 모든 순간에 적용할 수 있다. 무엇을 공부하든 처음에는 착각하고 틀리고 실수한다. 아이가 어려움 없이 배우기를 기대하며 미리 전전긍긍하지 말자. 아이들에게 실수가 당연한 일이라고 자연스럽게 알려줘야 한다. 우리는 차가 반 담긴 잔을 반이나 차 있다고 볼 수도, 반만 차 있다고 볼 수도 있다. 부모가 실수를 대하는 관점은 아이에게 옮겨간다. 삶에서 마주하는 어려움을 남들보다 쉽게 털고 일어나는 태도를 가지느냐 마느냐는 부모에게 달려 있다. 물론 쉬운 일이 아니지만, 아이가 넘어졌을 때 혼자 일어날 때까지 기다리는 인내심을 길러보자.

미국의 사상가 랄프 왈도 에머슨Ralph Waldo Emerson은 "우리의 가장 큰 영광은 실패하지 않는 것에 있는 게 아니라, 실패할 때마다 일어나는 것에 있다(Our greatest glory is not in never failing, but in rising up every time we fail)."고 말했다. 인생을 살다 보면 대부분의 일은 생각대로 풀리지 않는다. 그래서인지 많은 부모들은 자기 아이가 이런 실패를 되도록 피해서, 넘어지고 다치지 않도록, 안전하고 편안한 인생을 살 수 있도록 부단히 노력하는 것 같다. 하지만 삶의 값진 것들은 거듭되는 실패를 딛고 일어선 사람에게 주어진다. 그러니 아이가 앞으로의 인생에 닥칠 시련들 앞에서 쉽게 무너지지 않도록, 어릴 때부터 많이 실수하고 넘어지는 연습을 시켜주어야 한다.

실패한 사람의 95%는 진짜 실패한 게 아니라 단지 도중에 포기한 것이라고 한다. 토머스 에디슨은 전구를 발명하기까지 147번을, 라이트 형제는 비행에 성공하기까지 805번을 실패했다. 그 말은 147번을 다시, 805번을 다시 일어났다는 뜻이기도 하다. 실패는 다음 시도를 위한 배움으로 이어진다. 마치 운동을 통해 몸의 근육을 키우는 것처럼, 실패하는 마음에도 근육이 필요하다. 그렇다고 해서 아이에게 "별일 아닌 걸로 왜 그래?", "얼른 다시 해봐!"라고 비아냥 거리거나 다그치라는 말이 아니다. 실수하거나 넘어진 아이는 사실 그 누구보다도 속상하다. 부모는 우선 공감해주어야 한다. 그것만으로도 아이는 속상한 감정을 추스르고 실패를 가벼운 마음으로 받아들일 수 있다. 다시 일어나려고 힘내는 아이의 태도를 지지하고 응원해주자. 물론 부모도 이 과정에서 인내심 근육을 길러야 한다.

아이를 위한
땔감을 준비하라

_____ 인구 절벽 시대에
_____ 아이에게 꼭 해주어야 할 것

영국의 교육자 리처드 멀캐스터Richard Mulcaster는 교육에 대해 이렇게 말했다. "자연은 아이가 타고난 성향대로 자라도록 인도하지만, 교육은 아이가 자신이 가지고 태어난 능력을 꽃피우도록 도와준다(Nature makes the boy toward; nurture sees him forward)."

모든 아이는 각기 다르다. 평소에 이 사실을 잘 못 느끼고 있다가도 아이들로 가득 찬 교실에 들어서면 이를 단번에 느끼게 된다. 무엇보다도, 아이들에겐 다 다르게 타고난 '재능'이 있다. 글자나 단어를 가지고 노는 걸 좋아하는 아이, 노래 부르는 걸 좋아하는 아이, 정리를 잘하는 아이, 그림 그리는 걸 좋아하는 아이, 숫자를 좋아하는 아이, 친구들 웃기는 걸 좋아하는 아이 등 정말 다양하다. 부모가 아이들과 함께 할 일은 아이의 흥미와 적성이 무엇인지 탐험하고 그 아이가 원래 타고난 재능을 발휘하며 살도록 도와주는 것이다.

이런 행동의 반대편에 자리한 개념이 한국 교육에서 특히나 중요한 '평균'과 '등수'다. 한국 학교는 모든 과목의 평균 점수를 내고 그 점수를 바탕으로 전교 1등부터 꼴등까지 등수를 매긴다. 평균 점수가 중요한 시스템에서 공부를 잘한다는 말은 곧 못하는 과목이 없음을 의미한다. 따라서 잘하는 과목이 있더라도 잘하는 것에 집중하기보다는 못하는 과목의 점수를 어떻게든 올리려 고생한다. 흥미를 느끼지 못하는 과목을 열심히 공부하는 일은 고역스럽다. 또한 상대평가로 등수가 매겨지는 시스템 가운데 경쟁자인 친구들과 친하게 지내라는 말은 잔인하기도 하다. 학교가 배경인 한국 드라마에서 전교 1등과 2등의 살벌한 경쟁이 단골 소재로 등장하는 것은 이 때문일 것이다.

영국 학교에는 이런 평균과 등수 개념이 없다. 초등학교뿐 아니라 중고등학교에서도 그렇다. 아이들은 듣고 싶은 과목을 본인이 선택해서 듣는다. 각자 좋아하고 잘하는 것이 다르기에 채택된 시스템이다. 아이들은 잘하지 못하거나 좋아하지 않는 과목을 억지로 이수하면서 우수한 점수를 받기 위해 고군분투할 필요가 없다. 원한다면 심화 교육을 받는다. 모두가 다른 과목을 듣는 시스템에서 평균 시험점수를 계산하고 등수를 매기는 것은 가능하지도 않고 의미도 없다. 친구 또한 경쟁 상대가 아니다.

앞서 토끼와 거북이, 개미와 베짱이에 대한 이야기를 했다. 잘 생각해보면 토끼와 거북이가 달리기 시합에서 승패를 가리는 상황, 개미와 베짱이가 각자도생各自圖生하는 상황 자체가 그리 바람직하지 않아 보인다. 각자 타고난 것이 다르고 잘하는 것이 다르기 때문이다. 우리 아이들은 다가올 미래에 더더욱 다양한 사람들과 함께 어우러져 살 수 있어야 한다.

아이가 학교에서는 배우는 과목을 벗어나 자신만의 재능을 발휘할 기회를 많이 열어줘야 한다. 초등학생인 우리 작은아이 제시는 만화책을 읽는 것도 좋아하고 직접 만화를 창작하는 것도 좋아한다. 그래서 학교에서 자발적으로 친한 친구들 두 명과 함께 일주일에 한 번씩 모이는 만화 동아리를 만들어서 몇 년째 운영하고 있다. 얼마 전에는 초등학교 1학년 아이들이 동아리 구경을 왔다고 한다. 신입생들에게 작품을 보여주고 구체적인 활동 내용도 알려줬다. 이 모든 것이 이야기를 만들고 그림 그리는 것을 좋아하는 내 아이와 친구들이 스스로 하는 것들이고, 내가 부모로서 하는 것은 그저 아이가 그 과정에서 경험한 이야기를 경청하는 것뿐이다.

실제로 세상을 살아가는 데 있어 모든 것을 다 잘하는 것은 중요하지 않다. 잘하고 좋아하는 하나가 더 중요하다. 평균과 등수라는 개념은 베이비 붐 세대에게 유용했을지도 모른다. 그때는 한 가지를 특출나게 잘하는 사람들보다 모든 것을 평균적으로 할 수 있는 사람들을 대거 배출하기 위해 무한 경쟁이라는 카드를 썼다. 그리고 그 경쟁에서 이긴 아이가 성공할 것이라 여겼다. 하지만 지금처럼 인구 절벽이 실현된 세상에서 서로 치열하게 경쟁하게 만들어 모두를 탈진시키면, 과연 누구를 행복하게 하고 누구의 삶을 개선할 수 있을까? 부모는 이제 아이가 자기에게 맞는 잔을 찾아 채우는 일을 도와야 한다.

간단한 방법으로
일상에서 공부하게 만들어라

보통 10세 이전은 세상을 관찰하는 기간이면서 동시에 습관을 형성하는 기간이기도 하다. 부모가 어떤 생활 습관 혹은 루틴을 만들어주느냐는 정말 중요하다. 이는 아이들을 통제하려는 것이 아니다. 아이들은 하루에 적절한 루틴이 있을 때 마음에 안정감을 느끼고 스트레스로 인한 불안에 시달리지 않는다. 어른들도 언제 끝날지 모를 발표나 수업을 들을 때, 길고 지루한 영화를 볼 때 답답함을 느낀다. 반면 프레젠테이션에 적힌 페이지 수, 학교 시간표가 제공하는 예측 가능성은 안정감을 준다. 아이들에게도 이와 같은 장치가 필요하다.

영국에서 4, 5세 아이를 대상으로 한국어를 가르치는 선생님의 경험이다. 아이들은 언제 집에 가는지 몰라 따분하고 힘들어할 때 그날 수업의 일정을 아이들과 함께 말해보면 아이들은 한결 적극적으로 변한다고 한다. 아이들은 일정이나 과제를 되새기고 하나씩 해나가는 데에 재미를 느끼는 것 같다. 오늘은 뭘 새롭게 배울까? 무슨 이야기책을 읽을까? 무슨 만들기 활동을 할까? 호기심을 가지고 미리 생각해볼 수도 있다. 아이들은 이런 과정을 통해 마음의 준비가 된 상태로 교실에 들어온다.

이 예시는 습관이나 루틴보다는 상대적으로 촘촘한 시간 계획에 대한 것이지만, 가정에서는 일주일 단위로 더 느슨하면서 간단한 아이 루틴을 고안할 수 있다. 아이는 루틴이라는 풍선에 호기심과 기대감을 불어넣는다. 하지만 분 단위로 빠듯하게 시간표를 만들고 너무 철저하게 시간을 지키는 방식은 추천하지 않는다. 아이의 생활 리듬에 맞는 더 큰 단위의 루틴이 필요하다.

습관과 루틴을 만드는 일은 그리 어렵지 않다. 예를 들어, 우리 집은 토요일 아침마다 아빠가 맛있는 팬케이크를 요리하는 루틴이 있다. 우리 부부는 보통 주말에도 매우 바쁜 편이지만, 토요일 아침은 비가 오나 눈이 오나 팬케이크를 만든다. 우리 두 아이들이 아주 어릴 때부터 지켜온, 가족의 루틴이자 전통이다. 팬케이크를 먹은 후에는 함께 성경 공부를 한다. 아이들은 성경으로 배운 것을 그림과 글로 표현한다. 그리고 마지막으로 오른쪽처럼 그림과 글을 공유한다.

금요일 저녁에는 다 같이 영화를 본다. 아이들은 이 시간을 '무비 나이트'라고 부른다. 물론 영화는 넷이서 상의해서 고른다. 나는 영화를 보면서 먹을 팝콘을 준비한다. 매일 아침에는 아이들이 학교에 가기 전에 가족이 모두 모여 그날 해야 할 일을 공유한다. 네 사람 모두가 돌아가면서 발언한다. 겨우 10분 남짓이지만, 우리 가족에게 이 10분은 1년 365일 반복되는 일상의 루틴이다. 이 10분을 통해 아이도 우리의 하루를 알게 되고 우리도 아이의 하루를 알게 된다.

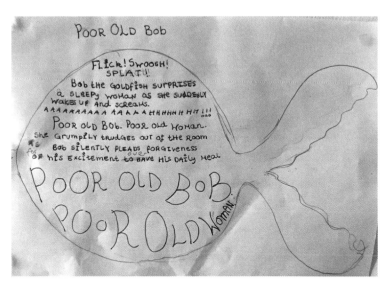

＊ 큰아이 사라가 책을 읽고 느낀 점을 기록한 글과 그림. 어떤 형태로든 자유롭게 표현하게 한다.

부모가 생각하는 좋은 습관을 아이들에게 가르치는 것도 중요하다. 우리 부부의 경우, 아이들에게 기록하는 습관을 길러주고 싶었다. 아이들이 어릴 때부터 책을 읽거나, 박물관에 갔다 오면 그림으로 기록하기를 권유했다. 글씨를 깨우치고 나서부터는 메모를 하기 시작했다. 이때 맞춤법은 전혀 문제 삼지 않는다. 메모하는 습관 자체가 중요하다고 생각했기 때문이다.

아이작 뉴턴의 어린 시절은 비참했다. 7개월 만에 태어난 미숙아인 데다가 아버지는 뉴턴이 태어나기 전에 돌아가셨고, 갓난아기 시절에는 어머니에게도 버림받아 외할머니 손에서 자랐다. 집안도 넉

넉하지 못해 기초적인 교육도 제대로 받지 못한 그는 저능아라는 소리까지 들어야 했다. 뉴턴은 외삼촌의 도움으로 12세에 공립학교에서 공부를 시작할 수 있었다. 그는 독서를 통해 알게 된 것들을 노트에 정리했고, 그것들을 실증하며 완전히 자기 것으로 만들었다. 메모광이었던 뉴턴의 천재성은 이러한 방식의 독학으로 형성되었다. 중력이나 운동 법칙과 같은 위대한 발견은 메모라는 작은 습관이 만든 결실이었던 것이다.

기억력 연구에 따르면 학습력과 기억력은 해마 크기와 관련이 있다고 한다. 기억력 훈련을 하면 시냅스가 형성되고 신경세포와 혈관이 새롭게 형성되며 뇌의 연결을 확대할 수 있다. 기억력 훈련은 해마의 기억 근육을 키우는 훈련이라고 할 수 있다. 기억력을 향상시키는 방법 중 하나가 바로 메모다.

중요한 것은 루틴이나 습관을 만들기 위해 절대로 무리해서는 안 된다는 것이다. 원형으로 된 시간표에 시간별로 촘촘하게 계획을 짜고 그대로 움직이라는 것이 아니다. 시간을 활용해야 한다는 압박에서 벗어나 아이가 부모와 '함께' 즐길 수 있는 것들을 생각해보자. 일주일 동안 금요일 밤에 무슨 영화를 볼지 곰곰이 생각하는 시간이, 함께 영화를 보며 맡는 팝콘 냄새가, 토요일 오전에 먹는 팬케이크의 맛이, 책장을 넘기는 촉감이, 가족들과 대화를 나누는 풍경이, 아이들이 앞으로 힘차게 살아갈 기반인 내적 안정감을 선사할 것이다.

"아이의 마음은 어른이 무엇인가를 채워 넣는 그릇이 아닙니다. 대신 동기 부여를 통해서 어른들은 아이들의 마음속 능력과 열정에 불을 지펴줘야 합니다(A child's mind is not a vessel to be filled but a fire to be kindled)." 영국의 명문 학교 힐 하우스 스쿨Hill House School의 설립자 스튜어트 타운엔드Stuart Townend가 그리스 철학자 플루타르코스Plutarchos의 명언을 변형한 말이다.

'school'이라는 단어는 원래 '자유롭고 자기 결정적인 활동 방식'을 의미하는 그리스어 'schole'에서 유래했다고 한다. '자기 결정 이론'에서는 긍정적인 교육 환경이 아이들의 자연스러운 호기심과 학습 동기를 유지하고 자극하여 학습에 대한 외부 통제의 필요성을 줄여준다고 주장한다. 요즘 아이들은 어릴 때부터 너무 많은 학습 요소에 노출되어 자극을 받는 것 같다. 그런데 아이의 학습 동기는 부모의 과도한 관심이나 지원에 의해 크게 저하될 수 있다.

부모는 아이가 스스로 공부하는 자기주도적인 학습법에 관심이 많다. 하지만 아이의 자기주도성은 부모의 재촉이나 억압으로는 훈련되지 않는다. 부모의 역할은 아이가 학습 동기의 동력으로 삼는 지적 호기심을 잃지 않도록, 그 불씨가 꺼지지 않도록 돕는 것이다. 아이들이 스스로 열성을 불태울 수 있도록 최소한의 땔감만 제공하는 것이다.

노벨상 수상자 다수는 공부에 스스로, 천천히 입문한 사람들이다. 알버트 아인슈타인은 언어 습득의 속도가 남들보다 느렸던 것으로 알려져 있다. 학교에서도 성적이 좋지 않아서 뮌헨에 있던 아인슈타인의 학교 교장 선생님은 1895년 그의 생활 기록부에 "He will never amount to anything."이라고 적어 그의 집으로 보냈다고 한다. 아이가 너무 멍청해서 아무것도 이루지 못할 것이라는 의미다. 아인슈타인은 너무 어려서 이 편지를 읽을 수가 없었다. 어머니는 눈물을 흘리면서도 그에게 편지를 다르게 읽어주었다. 그가 너무 똑똑해서 학교에서 더 이상 그를 가르칠 수 없다고 말이다. 그러고 직접 아인슈타인을 가르치기 위해서 서점으로 향했다. 아인슈타인은 어머니가 돌아가신 뒤에야 과거에 학교 교장이 보낸 편지를 직접 읽어볼 수 있었다고 한다. 어머니가 그를 끝없이 믿어주었다면 그의 아버지는 아인슈타인의 호기심에 불을 지펴주었다. 아인슈타인이 5세 때 아버지는 아인슈타인에게 나침반을 선물했다. 후에 아인슈타인은 이 나침반이 자신의 과학적인 지적 호기심을 자극하는 데 얼마나 중요한 역할을 했는지를 종종 회고하곤 했다.

초등학교 때 아버지와 함께 '해리 포터' 영화를 본 후 우연히 서점에서 사게 된 《해리 포터》 원서 때문에 영어 공부를 열심히 하기 시작한 학생의 이야기를 들은 적이 있다. 한국어 번역본이 나오기 전에 몇 주라도 신간을 먼저 보겠다는 일념 하나로 기출간된 원서와 번역을 비교해가며 혼자 공부했다고 한다. 결국 최종편은 번역이 출간되기 전에 원서를 구해 스스로 읽을 수 있게 됐다. 《해리 포터》원서를 읽으며 자연스레 영국 유학의 꿈을 꾸던 이 학생은, 결국 대학교를 졸업한 후 꿈을 이뤘다. 부모와 함께 본 영화 한 편, 함께 간 서점에서 산 책 한 권이 한 아이의 영어 공부를 자극했을 뿐 아니라 미래 공부의 불씨를 지핀 것이다.

우리 아이의 지적 호기심과 관심을 자극할 수 있는 선물이 무엇이 있을지 한 번쯤 생각해보는 것은 어떨까? 예를 들어, 우리 큰아이 사라는 뭔가를 만드는 것을 아주 좋아하는데, 우리 부부는 몇 년 전에 큰맘을 먹고 아이의 생일 선물로 재봉틀을 사주었다. 올해 14세가 된 아이는 이 재봉틀로 자신이 디자인한 한복을 만들고 있다. 지난 크리스마스 때는 나에게 모자를 만들어 선물해주었다. 재봉틀이라는 도구가 하나 생겼을 뿐인데, 아이는 그 도구를 스스로 활용해 창작 욕구를 마음껏 표현하고 있다. 이 과정에서 우리가 하는 일은 창작을 좋아하는 아이의 성향을 잘 관찰하다가 이를 바탕으로 아이와 원활하게 소통하는 것이다. 그리고 아이가 좋아할 만한 것을 계속 고민해보는 것이다.

지금 우리 아이의 호기심을 가장 자극할 수 있는 것은 무엇일까?

아이를 잘 관찰한 후 생일, 어린이날, 크리스마스 등 특별한 날에 깜짝 선물을 해보자. 아이는 자기 흥미와 딱 들어맞는 그 선물을 너무나도 소중히 여기게 될 것이다. 성장하고 돌아보면 전혀 거창해 보이지 않을 바로 그 선물이 아이 마음속에 커다란 불꽃을 일으킬지도 모른다.

10세 이전엔
책상에 앉히지
말아라!

_____ 이것 없이는 제대로
_____ 쓸 수도 말할 수도 없다

한국의 부모들은 아이가 바른 자세로 의자에 앉아 책상에 책을 펼치고 그 속에 적힌 내용을 제대로 익히기를 바란다. 아이가 배운 내용을 잘 외우고 있는지 계속해서 확인하려고 한다. 기술적인 측면에서 한국 교육이 가진 효율은 큰 강점이기도 하다. 2016년에 방송된 '학교 바꾸기(School Swap)'라는 BBC 다큐멘터리에서 한국 학생들이 1시간이 할당된 수학 시험을 15분 만에 다 끝내서 화제가 된 적이 있었다.

영국 학교는 구구단을 외울 때조차도 암기보다는 자율적이면서 환경친화적인 방법으로 공부하게 한다. 그러다 보니 아이들이 연산과 같은 기술을 비효율적으로 학습한다. 그래서 요즘 영국의 여러 교육 재단에서 한국식 교육 방법을 적용하려고 시도한다. 하지만 정작 '수포자'라는 세계 어디에도 없는 단어가 생길 정도로 한국은 수학 교육에 딜레마를 겪고 있다. 왜일까?

암기 기술, 시험 기술에 의존하는 공부에는 한계가 있다. 사람을 공부하게 만드는 핵심 동력은 탐구력이다. 어릴수록 문제를 푸는 기술이 아니라 탐구력을 길러줘야 한다. 그리고 탐구력을 기르는 첫걸음은 바로 관찰이다.

부모들은 아이가 책상을 벗어나면 공부하지 않는다고 생각한다. 책상에서 하는 공부 이외에 모든 행위를 '딴짓'으로 치부하기도 한다. 하지만 아이는 이 딴짓에서 탐구력을 무럭무럭 키운다. 특히 자연을 마주할 때 더욱 그렇다. 아이는 자연과 주변 사물을 관찰하면서 새로운 것을 발견하는 연습을 한다. 오감을 활용하여 자연을 만져보고 냄새 맡는 과정에서 경이로움를 느낀다면 아이는 간접 경험인 공부를 통해서도 같은 경이로움을 느끼려고 스스로 노력할 것이다.

직접, 제대로, 충분히 무언가를 관찰하는 경험이 선행되지 않은 아이들은 자기만의 생각이나 감상을 끌어내는 데 어려움을 겪는다. 그러니 다른 사람이 이미 세상에 내놓은 생각을 누군가 떠먹이는 대로 받아들일 수밖에 없다. 계속해서 무언가를 암기함으로써 자기 생각의 결핍을 가려야 한다. 이런 경우 비판적인 사고력을 기르기도 쉽지 않다.

우리 남편은 나와 함께 옥스퍼드대학교 교수로 재직하며 미술을 가르치고 있는데, 미술관에서 종종 마주치는 한국 사람들에게는 일관된 특징이 있다고 말한다. 그림을 제대로 감상하기 전에 그림 옆에 붙은 작은 캡션을 읽는 데에 집중하는 것이다. 작품에 대한 자기만의 생각을 정리해보기 이전에 다른 사람의 생각과 논리에 기대어 작품을 감상하려 한다.

아무런 인풋 없이는 나만의 생각을 만들고 표현할 재료를 구할 길이 없다. 우리에게 세상을 관찰하고 받아들이는 수용체라는 게 있다면 이 수용체는 유년기에 가장 민감하게 감응할 것이다. 우리는 아이들이 가지고 있는 그 수용체의 민감함이 사라지지 않게, 수용체가 책상 위에 갇혀버리지 않게 도와줘야 한다. 영국에 있는 박물관이나 미술관에 가면 아이들이 마음에 드는 작품 앞에서 엎드려 있거나 앉아 있는 풍경을 항상 볼 수 있다. 각자 스케치북이나 공책을 가져와서 그림을 그린다. 잠깐 눈으로 확인하고 지나치는 것이 아니라 수십 분의 시간을 그림 앞에서 보낸다.

책을 읽을 때도 충분한 관찰이 필요하다. 2021년 EBS에서 방영한 다큐멘터리 '당신의 문해력'에서는 부모가 아이들에게 그림책을 읽어줄 때 부모와 아이의 시선이 어디를 향하는지 추적하는 실험이 나온다. 어른들의 시선은 책에 적힌 글자를 향하는 것을 알 수 있다. 책에 적힌 글자를 있는 그대로 읽어주는 데에 집중하는 것이다. 반면에 아이들의 눈은 책에 있는 그림을 살펴보기 바쁘다. 어른들은 아이들에게 책을 제대로 '볼 시간'을 주지 않고 어른의 속도로 책을 읽어버린다. 그런 경험이 반복되면 아이들에게는 책 읽기가 재미없어질 수밖에 없다. 아이들과 같이 책을 읽을 때는 함께 책 구석구석을 찬찬히 살펴보자. 무슨 그림이 있는지, 누가 어떤 표정을 하고 있는지, 페이지 구석에 뭐가 숨어 있는지 말이다. 얇아 보이는 그림책에도 아이들이 관찰할 수 있는 것들이 무수히 많다. 아이들이 이미 가진 관찰력을 마음껏 발휘할 수 있도록 도와주자.

언어학자 노암 촘스키 또한 언어 분석에는 관찰, 기술(기록), 설명의 세 단계가 있고, 관찰과 기술이 반드시 선행된다고 말했다. 설명을 잘하려면 관찰을 잘해야 한다. 관찰 없이는 기술할 수 없고 설명도 할 수 없다. 만져봐야 하고, 눈으로 직접 봐야 하고, 시간을 들여서 변화를 파악해야 한다. 관찰의 단계에서 우리는 감각에 의존한다. 아이들에게는 만지고 보고 냄새 맡고 먹고 주무르는 행동이 관찰의 방법이 된다. 관찰의 깊이가 얕은 상태에서는 기술도 설명도 새로운 발명과 발견도 나올 수 없다. 아이들이 사물에 익숙해져야 하고 그 사물과 즐겁게 시간을 보내서 결국에는 좋아하는 마음이 일어나야 한다. 관찰에는 시간이 오래 걸리지만 부모의 역할은 아이를 기다리는 것이다.

옆집에 사는 6세 꼬마 친구 그레이스는 우리 집에 놀러 올 때도 수학 문제를 가지고 온다. 어른들의 칭찬을 듣는 게 좋기도 할 테지만, 정말로 수학을 좋아하는 것 같기도 하다. 그레이스의 엄마는 그레이스가 어렸을 때부터 숫자로 노는 것을 좋아했다고 말한다. 반면에 우리 딸의 다른 친구는 공룡 박사다. 없는 공룡 장난감이 없고, 모르는 공룡이 없다. 박물관에 데리고 가면 이 아이는 공룡만 보러 다닌다. 공룡을 좋아한다고 해서 나중에 다 공룡 박사가 되는 것은 아니다. 마찬가지로 수학을 좋아한다고 해서 다 수학자가 되는 것은 아니다. 그러나 아이들이 이를 통해 배울 수 있는 것은 열정이다. 한 번 이런 경험을 한 아이들은 더 성숙한 관심사가 생겼을 때 또 건강하게 몰입할 수 있다. 아이들이 좋아하는 것에 열정을 가질 기회를 만들어 주기 위해서는 아이들이 마음껏 무언가를 관찰하고 즐거워할 수 있는 여유를 마련해줘야 한다.

운동하지 않는 아이, 뇌가 멈춘다

교육학의 인지발달이론 분야의 석학 장 피아제Jean Piajet와 레프 비고츠키Lev Vygotsky는 아이들의 학습 과정에서 놀이 활동의 중요성에 대해 역설했다. 피아제는 지식이 학습의 결과가 아니라 학습의 '과정'에서 생성된다는 점을 강조한다. 피아제의 이론은 인지 발달의 단계를 4가지로 분류하는데, 첫째는 감각 운동단계로, 아이들은 주변 환경과 자신의 몸을 탐색하며 학습한다. 둘째는 선행 연습단계로, 이 단계에서는 시각적 이미지와 기호를 사용하여 생각을 구성하고 표현한다. 셋째는 구상 단계로, 아이들은 추상적인 개념과 사고를 형성한다. 마지막으로 추상 논리 단계로, 이 단계에서는 복잡한 추론으로 문제를 해결할 수 있다. 피아제의 이론에서는 이런 단계를 통해 아이들이 주어진 환경과 경험을 토대로 스스로 학습하고 발달하는 과정을 중요하게 여긴다.

비고츠키는 사회적인 상호작용을 통해 인지능력이 발달한다고 여긴다. 그에 따르면, 아이들이 세상에 대해 습득하는 것 대부분은 다른 사람들과의 협동에서 나온 결과물이라고 한다. 성인이나 또래의 행동이나 말이 아이들에게는 발판(scaffolding), 즉 성장의 발판이 되는 것이다. 이런 배경에서 비고츠키는 "우리는 다른 사람을 통해 우리 자신이 된다(Through others we become ourselves)."라는 말을 남기기도 했다. 피아제와 비고츠키, 두 이론이 가지는 공통점은 모두 주변 환경과 상호작용을 강조한다는 점이다. 피아제는 물리적 환경과의 상호작용을, 비고츠키는 아이와 성인 간 사회적 관계를 강조했다. 이 모든 것이 가능한 활동이 바로 놀이다.

놀이는 아이들의 뇌 발달에 매우 중요하다. 아이들은 놀이를 통해 신체적, 인지적, 사회적, 감정적 기술을 배우고 발전시킬 수 있다. 또한 문제 해결 능력이나 창의적인 사고를 기르고 의사소통하는 법을 배울 수 있다. 구체적으로, 놀이는 뇌의 뉴런이 잘 연결되도록 자극하는데, 이는 학습과 발달에 있어 매우 중요하다. 또한 뇌의 집행과 실행 기능(executive function)이 촉진되는데, 이 기능에 해당하는 계획하기, 구조화, 의사결정 능력을 발달시킬 수 있다. 놀이 과정에서 접하는 새로운 언어 표현과 개념, 풍부한 언어적 맥락은 아이들의 언어발달을 촉진하기도 한다. 그리고 놀이 활동에서 다른 사람들과 상호작용한 경험은 공감 능력이나 자기 절제, 협동심 등 사회적으로, 감정적으로 필요한 능력을 키울 수 있게 해준다.

영국에 있는 한인 가정의 자녀를 위한 한글학교에서는 보통 매주 토요일 오전에 수업을 한다. 동네 교회 건물을 빌리는 경우가 많아 제대로 된 교실에서 진행되는 수업이라 하기는 힘들다. 다른 시설이 없이 책상, 의자 정도만 빌려 쓴다. 그런데도 4, 5세 아이들은 그 공간에서 자기들만의 놀이를 만든다. 하늘색 벽면을 이용해 수영장 놀이를 하거나, 눈 오는 날에 관련된 책을 읽다가 갑자기 투명 눈싸움을 시작하기도 한다. 교실에 있는 의자들을 일렬로 세우고 역할을 나눠서 기차놀이를 시작한다. 괴물 놀이는 빠질 수 없다. 이 과정에서 선생님이 하는 일은 그저 같이 재미있게 노는 것이다. 아이들은 창의적이다. 끊임없이 새로운 놀이를 만들고 싶어 한다. 이럴 땐 언어 능력의 한계도 문제가 되지 않는다. 아이들은 한국어와 영어를 고루 섞어 쓰며 논다. 수업 시간에는 한국어를 잘 안 쓰는 아이, 영어를 잘 안 쓰는 아이도 이럴 땐 자연스럽게 어울리며 소통한다. 노는 게 제일 재미있기 때문이다. 선생님이 따로 정해주지 않아도 아이들은 규칙을 만들고 역할을 맡아 그에 맞는 언어를 사용한다. 논리적인 사고 과정이 필요한 경우가 많고, 그 가운데 수학, 과학의 개념이 사용될 때도 있다. 자연스럽게 배움이 진행된다.

아이들에게 의미 있는 학습은 무조건 즐거운 학습이다. 즐거움은 공부를 지속 가능하게 만드는 가장 큰 요소다. 재미는 가장 쉬운 동기부여 방법이다. 이것은 어른들에게도 마찬가지일 것이다. 우리는 재미있는 것을 할 때는 누가 시키지 않아도 계속하고 싶어진다. 또 중요한 것은, 재미있는 것이 오랫동안 기억에 남는다는 점이다. 이는 실제로 감정과 생각이 연결되어 있기 때문이다. 우리 뇌에서 기억력을 담당하는 부분은 해마와 편도체인데, 해마는 이성적인 판단을 담당하고 편도체는 감정적인 판단을 담당한다. 그리고 이 두 부분은 서로 이웃한 곳에 위치한다. 해마는 편도체가 감정적으로 좋아하는 정보를 필요한 정보로 판단하기 때문에 우리는 좋아하는 것을 더 잘 기억할 수 있고 흥미로운 일을 더 잘할 수 있게 된다.

놀이가 중요한 또 다른 이유는, 어렸을 때는 감각을 최대화하는 것, 즉 몸을 직접 움직이는 게 매우 중요하기 때문이다. 건강한 몸에 건강한 마음이 깃든다. 활발한 신체 활동과 건강한 식단, 적절한 수면과 자연과의 교감은 아이들의 인지와 학습, 행복감에 도움이 된다. 세계적인 수준을 자랑하는 북유럽의 초등 및 중등 교육에서는 자연과 교감하고 야외에서 시간을 보내는 활동을 필수적으로 여긴다. 야외 놀이를 통해 아이들이 자연환경에 대한 긍정적인 태도를 기르게 한다. 야외에서 하는 신체적인 놀이는 사회적인 유대감 형성을 통해 아이들의 팀워크와 인성 발달에 도움을 준다.

한국에서는 체육과 공부를 별개의 것으로 치부하는 경향이 있다. 몸으로 하는 활동을 경시한다. 나의 고등학교 시절을 생각해보면 고등학교 1학년 때 예체능 수업은 일주일에 고작 1시간이었고 그마저도 3학년 때는 모두 없어져버렸다. 학교에 아침 8시에 등교해서 밤 9시까지 있었는데, 체육 시간도 없이 책상 앞에 앉아서 그 오랜 시간을 책만 펴고 있었던 것이다. 몸으로도 배울 것이 많은데, 그저 체육을 시간 낭비로 여기곤 했다. 학교에서 도시락 3개를 먹으면서 하루에 10시간 넘게 앉아만 있던 것이 나의 18세 청소년 시절이었다. 그 당시 나는 위궤양으로 고통받았는데, 나 말고도 위염약을 먹는 친구들이 많이 있었다.

한국 교육에 문제만 있는 것은 아니다. 학창 시절을 통해 배운 점도 많다. 특히 한 가지 일을 완수하는 데 필요한 인내, 끈기, 자기 절제를 배웠다. 이런 점은 영국 교육의 약점일 수 있다. 하지만 그 시절은 내가 성인 시기의 대부분을 제대로 된 운동을 취미로 가지지 못한 채 보내도록 만들었다. 평생 운동을 해야 한다는 의무감은 들었으나 한 번도 제대로 하지 못했다. 요즘에서야 수영을 시작했다.

아이들이 운동을 취미로 갖게 해주자. 건강한 정신을 품을 수 있는 건강한 아이로 자라도록 해주자. 영국 아이들을 보면 어릴 때부터 축구, 테니스, 하키, 수영 등의 다양한 운동을 즐긴다. 내 아이들은 방학 때 날마다 친구들과 테니스를 친다. 끝나고는 테니스장 앞에서 같이 샌드위치를 먹고 온다. 대학생, 대학원생이 되어서도 운동이 생활의 일부인 학생들이 많다. 아무리 바쁜 시험 기간이든 중요한 논문을 쓰는 기간이든 새벽부터 몇 시간 동안 조정 훈련을 받거나 저녁에 조깅을 하거나 주말에 농구 시합을 한다. 어릴 때부터 쌓아온 이 에너지는 공부에도 큰 도움이 된다. 특히 10세 이전 아이들에게 몸으로 하는 공부는 너무나 중요하다. 책상 공부는 10세 이후부터 시작해도 충분하다.

_____ 아무거나 표현해보지 않으면
_____ 아무것도 표현하지 못한다

매년 3월의 첫 번째 목요일은 세계적으로 책을 좋아하는 사람들이 모여 책에 대한 사랑을 공유하는 '세계 책의 날(World Book Day)'이다(유네스코가 정한 '세계 책과 저작권의 날'은 4월 23일이나, 영국과 아일랜드에서는 3월 첫 번째 목요일에 '세계 책의 날' 자선행사가 열린다). 영국의 학교에서는 많은 이벤트가 열리는데, 교사들이 적극적으로 참여한다. 이날 우리 아이 학교의 교장 선생님은 고양이 코스튬을 입고 교문 앞에서 춤을 추며 학생들을 맞이하기도 했다. 아이들이 책을 좋아하고 즐기도록 독려하기 위한 이벤트 중 하나다. 아이들은 선생님에게 호응하여 자기가 읽고 경험한 책 이야기를 마음껏 공유한다. 아이들은 편안하고 즐거운 마음이 들 때 표현한다. 그래서 표현력을 증진하려면 선생님과 부모님이 아이들과 같은 눈높이에서 즐거움을 나누는 문화가 필요하다.

영국 아이들은 학교 선생님을 포함한 어른들과 상호작용하는 연습을 일찍이 하기 시작한다. 아이들이 어른들과 시선을 맞추기는 어렵다. 어른들이 어떻게든 아이의 눈높이에 시선을 먼저 맞춰야 한다. 하지만 한국에는 아이들이 선생님이나 부모님 말씀을 일방적으로 수용해야 하는 문화가 형성되어 있다. 이것은 큰 문제다. 아이의 표현 욕구를 억누른다. 나 또한 처음 영국에 유학을 왔을 때 이런 습관 때문에 교수님이나 다른 학생들과 대화하기가 어려웠다. 이제 아이를 억누르면서 어른을 존경하는 태도를 가르칠 것이 아니라 자유롭게 대화하면서도 존경하는 태도를 가르쳐야 할 때가 왔다.

앞서 외국에서 한국 학생들은 질문을 하지 않아 종종 오해를 받는다고 언급한 적 있다. 영국 대학교 강의실에서는 학생들이 수업 중간에도 자유롭게 손을 들고 질문한다. 한국에서는 너무 기본적이라 질문할 필요도 없다고 여겨지는 질문도 눈치 보지 않고 마음껏 한다. 그런데 그런 질문들도 교수의 답변, 학생들의 참여로 관점이 추가되면서 다른 차원의 논의로 발전된다. 질문한 학생이 궁금증을 그냥 속으로 삼켜버렸다면 일어나지 않을 일이다. 생각은 다른 사람들을 경유하면서 다시 한번 정리된다. 그 과정에서 생각이 발전되거나 새롭게 전개되기도 한다. 다른 사람에게 영감을 줄 수도, 받을 수도 있다. 내가 애초에 배우고자 하지 않았던 것까지 더 배울 수 있다. 나의 사유 또한 성장한다. 이는 학업 성취도, 성취감에도 큰 영향을 미친다.

아이들에게는 논리적인 의견뿐 아니라 감정을 표현하는 일도 중요하다. 애초에 불안정한 마음을 가지고 건강한 학습효과를 기대하기는 힘들다. 긍정적인 감정이든 부정적인 감정이든 기분을 찬찬히 들여다보고 표현하고 결국에는 다스리는 연습이 필요하다. 말로 표현하기 힘든 나이에는 표정 카드를 사용하게 할 수도 있다. 섬세하게 표현되지 않은 감정은 뭉뚱그려져 화, 짜증과 같은 감정의 폭발로 나타날 수 있다. 제때 표현되지 못하고 마음에 억눌린 감정이 부정적인 행동으로 이어지기도 한다.

부모는 때로 아이에게 슬픔과 같은 감정을 숨기지 않고 적절한 수준에서 공유하면서 감정에 대처하는 법을 알려줘야 한다. 내 아이들의 친할아버지와 외할아버지는 아이들이 어릴 때 돌아가셨다. 우리 부부는 아이들에게 할아버지가 편찮으시다는 사실을 설명하고 돌아가시기 전날에도 할아버지와 마지막 인사를 하게 해주었다. 아이들은 부모가 부정적인 감정을 대하는 성숙한 태도를 통해 감정을 다스리는 법을 배운다.

학습 감각 UP!

* 아이가 마음껏 질문할 수 있게 해주세요. 질문은 학습의 시작이에요. 질문은 아이가 더 생각하고 성장하도록 만듭니다. 자연스럽게 생겨나는 호기심을 스스로 억누르지 않게 해주세요.

* 아이가 어떻게 노는지 관찰해보세요. 아이는 왜 그 놀이를 즐기고 있을까요? 어떤 감정을 느끼고 있을까요? 오늘 바로 아이들에게 질문하고 아이들이 세상을 들여다보는 방식을 경청해주세요.

* 아이들의 자기주도성은 부모의 잔소리에 반비례해요. 아이가 시도해보고 충분히 실수할 여유를 주세요. 잔소리가 익숙해진 아이들은 새로운 도전을 두려워합니다. 실패할 때는 잔소리보다 응원과 격려를 해주세요.

* 아이에게 틀렸다는 말은 하지 마세요. "그것도 몰라?" 대신에 "아, 그렇게 생각할 수도 있구나."라고 말해주세요. 아이가 부모에게 의견을 말하기를 두려워하게 만들지 마세요.

* 협박식 언어는 금물이에요. "내가 뭐라고 했어. 하지 말라고 했지! 또 말 안 듣고 게임을 해? 못 살아!" 이런 협박식 소통은 아이가 부모에 겁을 먹게 만들어요. 전달할 메시지가 있다면 부모도 아이도

감정적이지 않을 때 차분히 말해주세요.

* 아이가 원하는 것을 중심으로 분기마다 계획을 세워보아요. 시간 단위로 촘촘히 짜인 원형 시간표는 아이를 조급하게 만들어요. 오늘 하루 하고 싶은 것, 이번 주말에 꼭 하고 싶은 것, 이번 방학 때 꼭 하고 싶은 것 등을 큼직한 단위로 적어보세요.

* 아이의 호기심을 자극할 수 있는 선물이 뭐가 있을지 생각해보세요. 아이의 관심사에 대한 학습 욕구를 불태워주세요.

* 아이가 자연을 체험할 수 있도록 해주세요. 아이들은 스펀지처럼 주변 환경을 빨아들여요. 공원 나들이, 캠핑, 주말농장 등 어디든 좋아요.

* 옆집 아이와 절대로 비교하지 마세요. 비교는 아이에게 자극이 아니라 상처를 줍니다. 엄마 아빠에게만큼은 최고가 되고 싶은 아이들의 마음을 알아주세요.

2장

영어 감각

: 정확하게가 아니라 풍부하게 공부하라

영국 티타임에는 몇 가지 에티켓이 있다. 우선, 호호 불거나 후루룩 소리를 내서 마셔서는 안 된다. 꿀꺽꿀꺽 소리도 금물이다. 몸은 똑바로 고정한 채 잔을 입으로만 가져가고, 한 모금 마셨다면 잔을 내려두어야 한다. 로마법이 로마의 법률적 언어이듯 에티켓도 티타임의 언어다. 세계인의 언어인 영어도 상황과 상대에 맞게 구사하는 것이 사회적 배려일 것이다. 그러니 아이가 영어를 배우는 과정은 세계인의 에티켓을 배우는 과정과도 같다고 할 수 있다.

아이가 말을 배우는 과정은 경이롭다. 누가 시키지 않아도 가장 가깝고 소중한 사람들과 소통하며 말하는 법을 배운다. 가정환경에 따라 두 가지, 세 가지의 언어를 저절로 습득하는 아이들도 많다. 이렇게 배운 언어는 아이의 공부에, 삶에 튼튼한 기반이 된다. 아이들은 모국어를 통해 생각과 감정을 교류하고 성장한다. 새로운 지식을 배우기도 한다. 모든 공부의 출발점이 언어라고 해도 과언이 아닐 것이다.

나는 영국에서 20년 동안 살면서 언어학을 공부하며 가르치고 있다. 또 영어와 한국어 두 언어를 날마다 사용하는 두 아이의 엄마이기도 하다. 나는 그동안 주변에서 직간접적으로 한국 영어 교육에 대한 이야기를 전해 들으며 답답했다. 국가적인 차원에서 어느 나라에도 뒤처지지 않는 투자를 영어 교육에 하고 있지만, 과연 우리의 영어 교육이 올바른 방향으로 나아가고 있는지에 대해서는 의문이다.

먼저 대전제를 깔고 들어가야겠다. 아이들이 영어 학습에 최대의 효과를 거두려면 아이들이 영어를 시험 치고 평가받을 대상이라 인식하지 않는 것이 중요하다. 영어는 세계인의 언어다. 영어는 기본적으로 타인과 소통하기 위한 도구다. 나의 소통 방식이 한 단어, 한 문장 단위로 평가받는다고 느낀다면 소통은 위축될 수밖에 없다. 아이에게 그러한 압박감은 더 크게 다가온다. 아이들의 영어 능력을 향상

시키려면 스트레스 없이 즐겁게 영어를 접하게 해야 한다.

요즘은 더욱 이른 나이에 영어를 접할 수 있도록 학습식 영어 유치원에 아이를 보내는 경우가 많다. 언어학자로서 말하자면, 사실 영어를 접하는 시기는 중요하지 않다. 그보다는 '어떻게' 접하는지가 중요하다. 그런데 영어 유치원처럼 몰입식 영어 교육에 치중하다 보면 영어에 대한 아이들의 불안감이 높아진다. 한국 아이들의 외국어 울렁증 발현 빈도는 전 세계적으로 봐도 심각한 수준이다. 새로운 언어에 대한 불안감은 공부 전반에 대한 불안감으로 이어질 수도 있다.

지금까지 이중언어 교육의 수많은 연구 결과들을 살펴보면, 아이들이 즐겁게 외국어를 접하면 교육 효과뿐 아니라 정서 발달과 사회성 발달에도 매우 긍정적인 작용을 한다. 영어 교육의 핵심은 아이들이 영어를 재미있는 언어로 인식하고, 말하고 듣는 것으로부터 즐거움을 느끼게 하는 것이다. 이 과정에서 한국어를 배척하지 않고 한국어와 영어를 조화롭게 쓰는 방법을 배워 나가는 것이 중요하다. 이는 영어 이외의 언어에도 적용된다. 세계는 점점 좁아지고 있다. 우리는 이미 다양한 언어를 사용하는 사람들과 어울려 살아갈 운명에 처했다. 언어와 문화에 대한 열린 태도는 우리 아이들에게 필수적이다.

무조건적인
몰입의
위험성

영어는 언어 그 이상의, 세계인을 이어주는 매개체의 역할을 하고 있다. 우리는 영어권 국가가 아닌 곳을 여행할 때도 영어가 통용되리라 예상한다. 나도 영어권 바깥의 국가에서 열리는 학회에 참가하면 사람들과 교류하기에는 영어만으로 충분하다는 사실을 느낀다. 영어 능력은 삶의 무대를 넓혀준다. 영어는 우리가 우물 안 개구리를 벗어나 세계와 소통하는 글로벌 지식인이 되는 과정에서 꼭 필요하다. 코로나19 팬데믹이 디지털화를 가속화함에 따라 역설적으로 세계는 이전보다 더욱 가까워졌다. 전 세계적으로 영어 교육은 가장 뜨거운 화두다.

그 중요성을 어느 국가보다도 절실하게 느끼기 때문일까? 한국인은 평생 영어 공부에 부담을 느끼는 것 같다. 이는 아이에게도 전염된다. 본인의 부족한 영어 실력이 아이의 영어 공부에 부정적인 영향을 끼칠까 걱정하는 사람들도 있다. 이 모든 부담감의 원인 중 하나는 영어의 실제적 어려움 때문일 것이다.

그런데 우리는 이미 일상에서 영어를 많이 쓰고 있다. 사실 영어는 우리의 일상 어휘의 많은 부분을 차지한다. 고맙다는 말보다 '땡큐'라는 말이 더 많이 쓰이고, 아침에는 '굿모닝', 밤에는 '굿나잇', 아이들과 헤어질 때 '빠이빠이' 등 인사말도 영어를 사용한다. 길거리 간판에도, 우리가 사용하는 물건에도 영어는 친근하게 사용된다. 공식적인 곳에서도 마찬가지다. 코로나19 팬데믹 시기에 '위드 코로나 with corona'라는 단어를 음차 그대로 사용하기도 했고, 심지어 '언택트 un-contact'라는 새로운 단어를 만들어 사용하기도 했다. 하지만 영어에 대한 두려움은 사그라들지 않는다.

한국 부모는 아이가 영어를 최대한 어릴 때부터 배워서 '원어민처럼' 구사하기를 바란다. 매년 태어나는 아이의 숫자는 줄어들고 있지만 영어 유치원(유아영어학원) 입학 경쟁이 치열해지는 데는 이런 욕망이 반영되었을 것이다. 그런데 최근 언어 교육 학계에서는 비영어권 국가 출신이 영어를 '원어민처럼' 구사한다는 것은 비현실적일 뿐 아니라 의미가 없다고까지 여긴다. 전 세계에서 영어가 쓰이고 있는 만큼 발음이나 억양도 국가와 지역에 따라 다변화하기 때문이다. 사실상 원어민처럼 영어를 구사할 수 있더라도 새로운 지역에서는 새로운 영어를 습득해야 한다. 우리는 '원어민'이 누구인지도 생각해봐야 한다. 미국인일까? 영국인일까? 실제 미국이나 영국에서도 다양한 인종이 다양한 영어를 사용한다. 이런 현실을 무시하고 영어 유치원에서 백인만을 선생님으로 우대하는 것도 시대에 역행하는 일이다.

영어 유치원에서는 교포 선생님들도 선호되지 않는다. 하지만 이런 선생님들은 한국어와 영어의 언어 감각을 모두 가지고 있기 때문에 학계에서 바람직하게 여기는, 여러 언어를 한 문장 안에 섞어 쓰는 행위, 즉 '코드 스위칭code-switching'에 특화되어 있다. 이들은 아이들에게 좋은 선생님이 될 수 있다. 하지만 부모들은 교포 선생님들이 한국어를 할 수 있다는 점에서, 백인이 아니라는 점에서 아이들이 영어에 몰입하는 데 방해가 될 거라고 생각한다. 영어 유치원에서는 부자연스러울 정도로 이국적인 환경에서 아이들에게 영어를 가르친다. 모국어 생활 환경이 차단된 공간에서 영어에만 완전히 몰입해야 하는 환경인 것이다. 이렇게 언어 학습을 대하는 이분법적인 사고에서 아이들은 영어로 편안하게 소통할 수 없다.

언어 공부는 어릴 때 잠깐이 아니라 인생에 걸쳐 계속되는 과정이다. 어릴 때 영어 노래를 부르고 그림책을 읽지만, 커가면서는 필요에 따라 더 어려운 영어를 배워야 할 것이다. 부모가 아이에게 심어줘야 할 것은 영어를 포기하지 않는 마음인데, 이는 언어를 배우는 과정 그 자체를 좋아하는 마음과 다르지 않다. 시험 압박이 비교적 적은 유년기에는 그저 긍정적인 마음을 가지고 언어에 자연스럽게 노출될 수 있도록 도와주어야 한다. 언어로 소통하는 과정의 즐거움을 느끼고 두려움을 낮추는 방향으로 교육 전략을 짜야 한다. 결국 언어 교육의 목표는 아이들을 요리 경연에 내보내는 것이 아니라 자기만의 언어를 요리하여 타인에게 대접하고 관계할 수 있도록 만드는 것이다.

_____치명적인 독이
_____될 수 있다

　　요즘에 영어 유치원은 선택이 아니라 필수라고 한다. 좋은 영어 유치원은 돈을 가져다 바쳐도 보낼 수 없다. 레벨 테스트에 합격해야만 하며, 합격하더라도 합격자들 사이에서 또 경쟁해야 한다. 테스트를 위한 사교육도 따로 존재한다. 이런 현실에 문제가 있다고 느끼면서도 어쩔 수 없이 아이들을 영어 유치원에 보낼 준비를 하는 것이 오늘날 우리 부모들의 현주소다. 아이를 영어 유치원에 보내지 못한 부모는 아이의 미래를 걱정하며 큰 한숨을 내쉰다. 한국의 부모는 아이가 우리말 배우기에 한 발짝을 떼는 그 순간부터, 혹은 그 전부터 벌써 영어를 가르치고자 엄청난 투자를 시작한다.

　　소위 비싼 유치원에서는 원생이 5세인데 벌써 토플 점수가 몇 점이 나온다느니, 단어를 몇 개나 알고 있다느니, 하는 경쟁적이고 소비적인 교육 지표로 부모님들을 유혹하곤 한다. 몇 달간의 상담 예약을 기다린 후 마침내 유치원에 가면, 이미 늦었지만 지금이라도 시작하게 되어 다행이라는 듯 말하기도 한다. 벌써부터 또래에 뒤처지는 것 같아 부모는 아이에게 미안해진다. 비싼 교육비는 이미 고려 대상이 아니다. 허리띠를 졸라매서라도 아이 교육이 먼저다.

　　어른들은 아이가 영어 스트레스에 무딜 것이라 가정한다. 어리니까 영어에 노출만 시키면 자연스럽게 흡수하듯이 잘 배울 테니 아무 스트레스가 없으리라는 것이다. 하지만 한국어 표현을 막 배우기 시작한 아이들은 영어만 써야 하는 환경에서 큰 어려움을 겪는다. 물론 기질적으로 잘 적응하는 아이도 있겠지만 대부분 그렇지 않다. 옥스퍼드대학교의 내 제자 중에 아시아 국가에서 영어 선생님으로 근무한 경우가 많다. 그중 한 명은 한국의 몰입식 영어 유치원에서 1년 동안 근무했다. 아이들은 영어로만 말해야 했고, 학생이든 선생님이든 한국어를 조금이라도 쓰면 징계를 받았다. 어떤 아이는 한국어를 썼다는 이유로 손바닥을 맞기도 했다. 몇몇 아이들은 함구증에 걸리거나 머리가 빠졌다.

다음 세 가지 사례는 아이들의 영어 울렁증에 대해 연구하면서 영어 유치원에서 가르친 경험이 있는 선생님에게서 수집한 것이다. 등장하는 아이의 이름은 모두 가명이다.

1

샐리는 영어 유치원에 4세부터 다니기 시작했다. 매일 유치원에 통학했고 숙제도 성실하게 해왔다. 또래 아이들처럼 영어가 늘기 시작했다. 그런데 4개월 정도 지난 시점부터 이상한 행동이 관찰되었다. 토론 시간에 자기 순서가 아닌데도 말했고, 다른 아이들에게 무례한 행동을 보였다. 영어 학습에서만큼은 아무런 문제도 관찰되지 않았기 때문에, 큰 문제는 아니라고 생각했다. 그런데 몇 주 뒤부터 아이는 초조함을 숨기지 못하고 머리를 잡아 뽑기 시작했다. 급기야 앞쪽 머리는 모두 뽑히는 지경에 이르렀다.

2

데이비드는 다른 아이들보다 늦게 영어 유치원에 들어왔다. 데이비드가 들어왔을 때 이미 다른 아이들은 6개월 정도 수업을 들은 뒤여서 그들은 모두 영어로만 말하는 환경에 익숙한 상태였다. 데이비드가 원래 다니던 유치원은 한국어와 영어를 모두 사용해도 되는 곳이었다. 새로운 유치원의 아이들은 데이비드에게 영어로만 말했고, 데이비드는 쉽게 소통하지 못하는 것 같았다. 놀이 시간에 데이비드는 아이들에게 가끔 한국어로 말을 걸었지만, 아이들은 이런 데이비드를 무시하고 자기들끼리 놀았다. 이즈음부터 데이비드는 매우 초조해 보였다. 선생님인 내가 무슨 말을 해도 무시하고 듣지 않았다. 아마 말을 못 알아들었던 것이 아닌가 싶다. 결국 데이비드는 아이들을 때리기 시작했고, 이 때문에 다른 아이들과 격리되는 시간이 길어졌다. 나는 한국어로 데이비드랑 이야기하고 싶었지만, 영어 유치원의 특별 규칙이 한국어를 절대 사용하지 말라는 것이어서, 어쩔 도리가 없었다.

애니는 조용한 아이였다. 글쓰기 시간에는 다른 아이들보다 훨씬 영어를 잘 사용했다. 그렇지만 애니는 도통 밀문을 열지 않았다. 애니는 내가 자기 이름을 부르면 겁먹는 눈치였다. 애니는 한국어로도 말하지 않았다. 영어 유치원에서 한국어를 사용하면 안 된다는 규칙을 잘 알고 있었다. 하루에 한마디도 하지 않고 집으로 돌아가는 경우도 많았다.

4세 아이가 영어 스트레스로 유치원에 가기 싫어하고, 말하기를 멈추거나 머리카락을 뽑는 이상행동을 보인다면 이는 결코 간과할 만한 상황이 아니다. 심각한 문제 상황이다. 영어 유치원들은 대개 암묵적으로 한국어를 쓰지 말라는 규칙을 가지고 있다. 이는 완전히 영어에 몰입된 영어 교육이 학습에 가장 효과적이라는 잘못된 믿음에서 비롯된다. 사실 몰입 자체의 효과에 문제가 있는 것은 아니다. 그 효과를 의도하는 곳이 '어떠한 몰입 환경'인지가 문제가 되는 것이다.

강압적인 영어 교육 환경에서 심어진 두려움은 아이의 인생 전반에 걸친 언어 학습에 치명적일 수 있다. 나는 최근에 아이들의 영어 공포증이 후에 정신적, 사회적 문제로 발전할 수 있다는 연구서를 출간했다. 연구 과정에서 영어 공포증 증상을 보이는 아이의 부모님들 대부분 한결같이 아이의 고통을 단기적이고 한시적인 현상으로 여기고, 영어 실력 향상이라는 추후의 보상을 생각하면서 이를 무시하고 넘겨버린다는 사실을 알게 되었다. 잔인하지 않은가. 이런 경험을 한 아이들은 끊임없이 배우며 살아가야 할 세상이 그저 무섭고 두렵게만 느껴지지 않을까?

'언제' 영어 공부를 시작해야 하느냐고 질문하는 분이 많다. 하지만 질문의 포인트는 '언제'가 아니라 '어떻게'가 되어야 한다. 최우선은 즐거운 영어 공부 경험을 쌓는 것이다. 억지로 몰입하기보다 자연스럽고 재미있게 두 가지 언어의 문턱을 넘나들 때, 아이들의 영어의 집은 크고 탄탄하게 지어질 수 있다. 한국어를 못 쓰게 하고 금지하며 영어만 쓰게 하는 무조건적인 몰입은 아이들의 영어 교육뿐 아니라, 인지 발달과 인성 발달에 독이 된다. 부모들에게 진정으로 말해 주고 싶다. 비싼 영어 유치원에 다니면서 만약 아이들이 스트레스와 함께 우울과 불안감을 조금이라도 경험한다면, 그곳은 아이들에게 적합한 교육 공간이 절대 아니다.

영어 유치원은 영어 교육의 시간적 측면에서 효율적이다. 아이의 언어 습득이 어른들보다 빠르다는 사실에도 논란의 여지는 없다. 그렇지만 아이는 로봇이 아니다. 얼마 전 룩셈부르크의 한글학교에서 강의를 했다. 룩셈부르크어, 프랑스어, 독일어를 사용하는 나라답게 4개 언어를 구사하는 아이들도 있었다. 하지만 그 아이들은 언어 스트레스에 시달리지 않았다. 자연스럽고 즐겁게 언어에 노출되는 환경이라면, 시기도, 습득 언어의 개수도 문제가 되지는 않는다. 문제는 언어와 언어 사이에 경계를 만들고 아이들에게 하나의 언어로만 말하게 하는 강압적인 환경, 과도한 평가 목표 등에 있다. 영어는 글로벌 시대의 언어다. 그렇기에 모두가 쉽게 배우고, 익히고, 쓸 수 있어야 한다. 아이의 능력이 영어 유치원을 통해 즐겁게 성장할 수 있다면 더할 나위 없이 좋겠지만, 오히려 영어 유치원 때문에 영어에 대한 스트레스와 두려움이 심화된다면, 부모는 과감하게 영어 유치원에서 고개를 돌리고 '아이를 보호하는 용기'를 발휘해야 한다.

인생 전반에 걸친 더 장기적인 아이의 영어 구사 능력에 관심이 있는 부모라면 한 번쯤 우리 아이가 영어 공부를 하는 목적이 도대체 무엇인지 진지하게 질문하고 답을 찾아보자. 영어 유치원을 보낼지 고민하기 전에 먼저 호기심과 즐거움 속에서 영어를 접하게 할 방법이 뭘까 골몰해보자. 그럼에도 영어 유치원에 보내고 싶고, 아이도 이를 원한다면, 가장 먼저 해야 할 일은 커리큘럼을 확실히 챙겨보는 것이다. 그 커리큘럼 속에서 아이가 즐겁게 영어를 배울 수 있으리라는 확신이 든다면 영어 유치원은 좋은 선택지가 될 수 있다.

_____호기심이 두려움을
_____이긴다

　내가 본격적으로 영어라는 언어를 만난 것은 중학교 1학년 때다. 당시 시청에 다니시던 아버지는 나에게 미국 오리건주 비버튼의 초등학생이었던 서머를 펜팔로 소개해주셨다. 서머와는 꽤 오랫동안 편지를 주고받았던 기억이 난다. 당시에는 구글 번역도 없었고 주변에 영어를 잘하는 사람도 없었다. 간신히 아버지의 도움을 받아서 처음에 몇 줄 안 되는 편지를 보냈다. 당시 나에게는 우체국에 가는 것이 너무 큰 즐거움이었다. 한 달에 한 번 혹은 두 번 정도 서머에게 답장이 왔다. 그 편지는 나의 일주일 영어 공부거리였다. 서머의 편지지를 닳도록 읽고 또 읽었다. 영어 발음을 듣고 싶어서 무작정 영어 뉴스를 켜 놓고 듣기도 했다. '서머도 아마 이렇게 말하겠지…?' 그녀의 목소리를 상상해보면서 편지를 읽었고 함께 영어로 이야기하는 꿈을 꾸기도 했다.

　13세에 영어에 입문했으니, 요즘 기준으로는 늦은 것일 수도 있다. 그렇지만 나는 영어를 신기함과 호기심으로 처음 접했다. 영어는 나에게 두려움의 대상이 아니었다. 영어가 두려워진 것은 오히려 영어를 많이 배우고 나서의 일이다. 특히 문법을 자세히 알게 된 후에 그랬다. 중학교 1학년 때 학교에서 배운 문법이나 문법 용어가 영어

권 생활자들에겐 언어학이나 교육학을 전공하지 않는다면 평생 모르고 넘어가는 것들이라는 사실을 알게 된 것은 훨씬 이후의 일이다.

영국에서 박사 과정을 처음 시작할 때 혹시라도 문법적으로 틀린 문장을 말할까 망설이다가 말할 기회를 놓친 적이 많았다. 특히, 우리말에는 없는 성과 수의 문제가 나한테도 늘 골칫거리였다. 남성, 여성 대명사나 수 일치를 혹시나 틀릴까 해서 완벽한 문장이 머릿속에 그려질 때까지 기다리곤 했다. 나중에 이중언어 습득을 공부하면서 비영어권 출신자들만 문법 실수를 하는 게 아니라는 사실을 알게 됐다. 영국의 아이들을 비롯하여 이중언어 습득 화자들은 자유롭게 틀린 문법을 구사한다. 한마디로 별로 신경 쓰지 않는다는 것이다.

영국의 아이들에게도 영어는 어렵다. 영국에서는 초등학교 1학년 때 처음 글쓰기 교육을 받는다. 이미 소리로는 알고 있는 단어들을 철자법상으로, 문법상으로 표현하는 규칙을 익히는 것이다. 아래는 이 과정에서 영국 아이들이 저지르는 실수의 예시다.

* How do speiders maic webs? [How do spiders make webs?]
  거미는 어떻게 거미줄을 만드나요?
* Why do ladberds hav lots ov spots? [Why do ladybirds have lots of spots?] 왜 무당벌레 몸에는 반점이 많나요?
* Whiy bid a dee sting? [Why did a bee sting?]
  왜 벌은 벌침을 쏘나요?

한국의 영어 유치원에서는 이처럼 원어민도 어려워하는 영작문을 더 어린 나이에 시작한다. 아이들이 숙제를 너무 어려워해서 결국 집에서 엄마가 다 해주는 경우도 더러 있다. 영어가 아이에게는 두려움이, 부모에게는 부담이 된다. 이런 상황에서 아이들이 영어에 대한 호기심과 성취감을 키워가기를 기대하기는 어렵다.

중요한 것은 영어로 전달하고자 하는 내용이다. 철자나 문법의 굴레에서 벗어나야 한다. 이미 요즘에는 AI가 우리가 작문에서 범하는 모든 문법적 실수를 자동으로 고쳐주고 있지 않은가. 게다가 요즘처럼 영어가 다변화하는 시대에 스스로를 문법의 틀에 가두는 것은 시대를 역행하는 일이다. 유년기에 영어 단어를 강제로 외우고 문법적 엄정함을 평가받는 경험은 영어를 버거운 것으로 만들어버린다.

영어에 대한 아이들의 호기심을 증폭시키는 방법은 다양하다. 내가 서머와 펜팔을 하며 설렘을 느꼈던 것처럼 친구들을 통해 영어를 접하는 것도 하나의 방법이다. 영화나 드라마, 노래를 통해 영어를 재미있게 배울 수도 있다. 가수나 배우 등 좋아하는 연예인이 생겨서 영어에 대한 흥미를 느끼게 될 수도 있다. 방법은 아이들 개개인의 성향에 따라 달라질 것이다. 그러니 부모는 아이가 영어와 관련된 무엇에 마음이 동하는지를 먼저 잘 파악해야 한다.

현대 언어학과 언어 습득 연구는 노암 촘스키 박사의 언어 이론으로부터 시작됐다고 해도 과언이 아니다. 이 이론에서 지속적으로 주목받아온 것은 시기론이었다. 언제 배우느냐가 언어발달에 가장 중요하다는 것이다. 인간 언어발달의 엔진은 어른이 될수록 힘을 잃고 일정 시간이 지나면 더 이상 작동하지 않는다는 것이 여러 관찰 결과를 통해 밝혀졌다. 그것이 모국어일지라도 언어 습득의 시기를 놓친 아이들이 끝내 언어를 성공적으로 학습하지 못하는 모습이 속속 나타났다. 이런 연구를 토대로 영어 교육계는 자연스럽게 인간은 어릴수록 언어를 수월하게 학습한다는 학설을 내놓았다. 태교 영어라는 방법론의 등장도 이런 학설의 맥락 안에 있다.

그런데 정말 그럴까? 내가 영어 알파벳을 처음 접한 시기는 중학교에 들어가던 해 겨울 방학이었다. 이미 아이처럼 언어를 자연스럽게 습득할 수 있는 시기는 지났던 것이다. 하지만 그렇다고 해서 이후 영어로 말하고 글을 쓰고 연구하는 데 큰 어려움을 느끼지는 않았다. 주변에 많은 외국인 교수들이나 이웃들도 나와 다르지 않다. 아주 어린 시절부터 영어를 접하지 못했지만 영어를 충분히 잘 사용하고 있다.

최근 미국 MIT 연구진은 영어를 처음 배우기 시작하는 나이와 영어 실력의 상관관계를 밝히기 위한 연구를 진행했다. 67만 명이 참여한 이 연구에서 연구진들은 언어 습득에 '결정적 시기'가 극도로 어린 시기에 형성된다는 기존 학설에 균열을 가한다. 물론 언어 습득의 효율은 18세 이후부터 감소하기 시작하지만, 그 이전에는 유아기 때부터 영어 공부를 시작한 집단과 10세 이후에 영어 공부를 시작한 집단의 언어 구사력에는 큰 차이가 없었다.

초등 고학년 이후에 본격화될 한국 학교의 영어 공부를 위해서라도 그 이전에 영어를 즐겁고 부담 없는 앎의 대상으로 접하는 일은 중요하다. 응용언어학에서는 이를 '과제 중심 교수법(Task-based language learning)'이라고 말한다.

우리 막내 아이는 3년째 노래를 하면서 프랑스어를 공부하고 있다. 아이의 프랑스어 문법 실력은 쉽게 말해 꽝이다. 그런데 프랑스어 수업을 너무 좋아한다. 7세부터 수업을 듣기 시작했고, 코로나로 학교 문이 닫혔을 때도 온라인으로 공부를 했다. 프랑스어 선생님은 아이 친구의 엄마인데, 아이들은 매번 프랑스어 노래를 하나씩 배운다. 가끔은 맛있는 케이크를 만들면서 프랑스어를 공부한다. 아이가 즐겁게 흥얼거리는 프랑스어 노래가 대여섯 곡은 된다. 아이는 프랑스어 문법은 모르지만, 노래 속의 프랑스어를 이해하고 언제든지 부를 수 있다. 남편의 프랑스인 친구가 집에 왔을 때 아이가 프랑스어 노래를 불러 친구를 깜짝 놀라게 하고 즐겁게 해준 기억이 난다. 이런 경험이 아이들의 흥미와 학습 동기를 유발하면 아이는 중학교에 가서 스스로 프랑스어를 공부할 것이다.

나의 경우, 대학교에서 프랑스어를 배웠지만 그때 배운 프랑스어가 기억에 남지 않았다. 오히려 서울 서래마을에서 8세 프랑스인 아이 소피한테 배운 프랑스어가 평생 기억에 남아 있다. 그 당시 나는 프랑스어를 배우려면 직접 프랑스어를 사용하는 사람들을 만나야 할 것 같아서 무작정 프랑스인이 많이 산다는 서래마을에 찾아갔다. 그리고 슈퍼마켓에 베이비시터 광고를 하나 붙였다. 그랬더니 소피라는 아이의 엄마에게서 전화가 왔다. 소피의 학교 일정이 끝나면 픽업한 후에 간식을 챙기고 놀아달라고 했다. 그 후 소피는 내 최고의 프랑스어 선생님이 되었다. 소피 앞에서는 문법을 틀릴까 봐, 지적을 받을까 봐 걱정할 필요가 전혀 없었다.

마찬가지로, 독일어를 공부할 때는 독일문화원에 무작정 갔다. 시청역 앞에 있는 영국문화원에도 방학 때마다 가서 책도 보고 비디오도 보곤 했다. 이런 경험은 나에게 매우 소중했다. 뜻이 있는 곳에 길이 있다고, 프랑스에, 독일에, 영국에 직접 갈 수 없으니 내 나름대로 유사한 경험을 만든 것이다. 요즘에는 꼭 직접 가지 않아도 경험할 수 있는 것이 무궁무진하다. 가상에서 배움의 기회를 만들 수도 있다. 시청이나 구청의 교육 활동도 좋은 것들이 많다. 아이와 상의

해서 이런 즐거운 기회들을 활용해보자. 아이기 즐거운 체험을 통해
배울 수 있도록 해보자.

엄마표 영어는

가능한가

######## 엄마표 영어에는 왜
######## '엄마'밖에 없는가

요즘 아이 영어 공부 방법으로 '엄마표 영어'가 인기다. SNS 빅데이터를 분석하는 사이트인 썸트렌드에서 2022년부터 최근 1년간 '엄마표'라는 단어와 관련도가 높은 단어들을 조사하니 '영어'가 압도적인 1위를 차지했다. '엄마표 영어'는 엄마가 선생님이 되어 집에서 직접 영어를 가르치는 교육이다. 보통 특정 요일마다, 시간대마다 계획표를 짜두고 영어로 된 영상을 보여주거나 오디오를 틀어주거나 영어 그림책을 읽어주는 방법을 많이 쓴다. 유튜브, 블로그에는 엄마표 영어에 대한 정보가 넘쳐난다. 난이도별 교재를 소개하는 콘텐츠도 있고 아이들이 직접 학습할 때 활용할 수 있는 영상들도 있다. 엄마표 영어 성공담도 펼쳐진다. 그런 정보를 접하다 보면 아이 영어 실력의 책임이 마치 모두 엄마에게 있는 것만 같다.

그런데 나는 이 '엄마표 영어'라는 말에 몇 가지 문제가 있다고 생각한다. 먼저, 이 말은 아이의 영어 교육을 엄마에게만 떠넘기고 있다. 아이의 교육에는 엄마의 역할과 아빠의 역할이 모두 중요한데, 여기에서 아빠의 존재감은 찾을 수 없다. 특히나 소통을 그 목적으로 하는 언어를, 다른 곳이 아닌 집에서 배우는데 아빠의 역할을 고려하지 않는 것이 아쉽다. 그리고 이 말에는 실제 영어를 배우는 '아이'

의 역할이 덜 중요하게 고려된다. 영상을 보여주고 오디오를 일방적으로 들려주는 방식의 영어 교육은 아이들이 영어를 수동적으로 받아들이게 만든다. 마치 우리가 자막 없이 외화를 보거나 팝송을 듣는 것과 비슷하다. 보고 듣기에 즐겁기는 하지만, 의사소통의 도구로서 영어를 배우기는 어렵다.

또 다른 문제는, 궁극적으로 엄마는 아이의 선생님이 아니라는 점이다. 엄마표 영어에는 엄마의 노력이 크게 요구된다. 엄마가 직접 영어 교육법을 공부하고 교재, 영상, 오디오 등 다양한 자료를 찾느라 고군분투한다. 이런 경우 엄마표 영어를 위해 들인 노력에 비해 아이의 영어 성과가 좋지 않을 때 평정심을 갖고 평소와 같이 아이를 대하기 어려워질 수 있다. 노력이 커질수록 아이에 대한 기대치도 높아지기 때문이다. 엄마가 아이에게 시간과 자원을 투자하는 모양새로 교육이 이루어지면 아이는 엄마를 성과를 창출해주어야만 하는 투자자로 대하게 될지도 모른다. 엄마의 투자가 헛되지 않았음을 보여주기 위한 과정에서 엄마와 아이의 관계가 틀어질 가능성도 크다.

아이가 혹시 나 때문에 영어를 못하게 되는 건 아닌지, 내가 영어를 더 공부해야 하는 건지 걱정이 된다. 다음 교육 시간을 위한 책이나 영상을 고르는 일에 쫓길 수도 있다. 성과가 잘 보이지 않을 땐 우리 아이에게 문제가 있는 건 아닐까 불안함을 느끼게 된다. '엄마표 영어'라는 말에 스스로를 옥죄는 것이다. 엄마가 아이의 영어 교육에 모든 책임을 져야 한다고 생각하지 말자. 부모는 아이에게 대화 상대이자 동등한 입장으로 상호작용을 할 수 있는 사람, 인생의 안내자다. 그리고 무엇보다, 아이의 정서 발달을 위해서라도 집은 가족 모두에게 편안한 곳이 되어야 한다. 집이 학원, 독서실이 되어선 안 된다.

일반적인 엄마표 영어 방법을 살펴보면, 아이가 유치원에 가기 전 아침 시간, 잠들기 전 시간을 틈틈이 활용해 가정에서 학습량을 최대화하는 방법을 쓴다. 모든 가족이 함께하는 시간이 절대적으로 부족한 상황에서, 아이들과 대화할 수 있는 소중한 시간마저 영어 교육에 할애되는 상황은 안타깝다. 엄마표 영어와 아이와의 상호작용 둘 중 하나를 선택해야만 한다면 후자를 놓쳐서는 안 된다. 일상적으로 한국어와 영어를 섞어 쓰면서 문법적으로는 엄정하지 않더라도 자연스럽게 놀듯이 소통하는 것도 좋다. 하지만 엄마표 영어 때문에 엄마와 아이의 관계가 선생님과 학생의 관계가 된다면 아이는 엄마에게 응당 느껴야 할 안정감을 느끼지 못하게 될 것이다.

_____ 글쓰기 교육의
_____ 진짜 기초

한국에서 누군가의 영어 실력을 가늠할 때는 시험 점수가 꼬리표처럼 따라온다. 물론 영어가 모국어가 아닌 국가에서 효율적으로 영어 실력을 가늠하기에 적합한 방식일 수 있겠다. 그렇지만 영어가 시험 공포와 결부된 문화는 아이 어른 할 것 없이 모두에게 울렁증을 유발한다. 영어 점수가 높다고 해서 영어를 잘 활용하는 것은 아니다. 영단어 철자와 문장의 문법을 잘 기억하는 능력이 실질적인 영어 능력이 아니라는 말이다.

중학교 1학년(영국에서는 7학년)인 친구의 딸 베스는 글쓰기를 잘해서 많은 상을 받았다. 그런데 사실 이 아이가 구사하는 철자는 그렇게 정확하지 않다. 아이 수준에서 글쓰기 능력과 철자를 기억하는 능력은 별개의 문제다. 《해리 포터》를 쓴 아동 문학가 J.K.롤링J.K. Rowling도 철자 실수를 자주 범한다고 고백한다. 한국의 초기 영어 교육에서는 철자 교육이 마치 곧 글쓰기 교육의 기초인 것처럼 말할 때가 많다. 그런데 정작 실질적인 영어 글쓰기 교육은 뒷전으로 밀려나 있다.

영어 능력의 기준은 '어떻게 말하고 글을 쓰는지'에서 찾아야 한다. 비단 영어뿐만이 아니다. 모국어인 한국어도 말하고 쓰는 교육은 입시 교육에 밀려 비중을 넓히지 못한다. 영국에서 아이들은 어릴 때부터 학교에서 글쓰기 수업을 듣는다. 우리 큰아이의 경우 초등학교 때 금요일마다 한 시간씩 자유롭게 이야기를 만들었다. 선생님은 여기 코멘트를 달아주셨는데 대개는 문법보다 내용에 대한 것이었다. 아이들에게 필요한 영어 교육은 영어를 정확하게 쓰는 교육이 아니라 영어로 자기 생각을 표현하는 교육이다.

언젠가 우리 작은아이는 플라스틱이 환경에 미치는 영향에 대한 시를 써야 했다. 아이는 글쓰기에 대한 두려움이 없었다. 뚝딱 오른쪽의 시를 써냈다. 철자는 많이 틀렸다. 하지만 아무도 생각하지 못하는 방식으로 자기만의 시를 썼다.

두려움 없는 표현은 아이의 상상력에 날개를 달아준다. 분명 미래에는 AI가 문법을 쉽게 교정해줄 것이다. 하지만 상상력만은 아이의 것이 될 수 있다. 한국어든 영어든 부모는 아이가 언어를 통해 생각과 감정을 마음껏 표현할 기회를 충분히 마련해주어야 한다. 아이들이 배우는 영어가 공책에만 머물지 않도록, 쓰고 말하는 영어가 되게 만들어주자.

Plastic Land

Ocean ocean, gleam like
Dimonds of the blue

Creachers creachers, of the
Sea, lots of differnt kinds they
Can be

Plastic plastic, in the sea
There it should not be

Ocean ocean full of plastic
Green like swamps and gue

Creachers creachers softer
And die and in our rupish they
Drown to perish

Plastic plastic in the
Sea there it should not
Be.

플라스틱 랜드

바다 바다, 반짝반짝 빛나는
푸른 디몬드(다이아몬드)처럼

생밍(생명)들 생밍들,
바다에서 다양하게
살아가는

플라스틱 플라스틱, 바닷속에
거기 있어서는 안 되는

바다 바다, 플라스틱으로 가득한
늪과 하천처럼 녹색인

생밍들 생밍들 고동스러게(고통
스럽게)
하나둘 스레기(쓰레기) 속에
파묻혀 죽어가는

플라스틱 플라스틱
바닷속 플라스틱
있어선 안 되는

_____ 지출 없는
_____ 사교육은 가능하다

2022년 11월, 오픈AI의 생성형 AI 언어모델인 챗GPT가 세상에 공개된 이후 세간의 관심은 AI가 바꿀 미래에 집중되었다. 챗GPT와 같은 생성형 AI의 특징은 입력값에 따라 끊임없이 데이터를 생성한다는 것이다. 인간의 언어로 질문에 대답을 도출해낼 수 있으며, 특히 맥락에 맞는 의사소통이 가능하다는 점에서 주목할 만하다. 이런 생성형 AI는 우리의 글쓰기와 말하기를 포함한 언어 공부 전반에 탁월한 조교가 될 것이다. 문장 구조에 대한 개선점을 참고할 수도 있고 수많은 예문을 생성할 수도 있다. 기존에는 이렇게 꼼꼼한 일대일 글쓰기 교육을 받으려면 큰 비용이 들었지만, 이제는 누구나 혼자서도 기술의 도움을 받아 적은 비용으로 글쓰기를 배울 수 있다.

생성형 AI에 자연스러운 목소리를 더할 수 있다면 실제 사람과 대화하듯이 자연스럽게 회화 연습을 할 수도 있다. 아이들이 실제 사람이 아닌 목소리를 어색해하지는 않을까 의문을 가질 수도 있다. 하지만 AI 환경에서 자라난 아이들은 이미 시리, 알렉사 등의 AI 서비스와의 대화에 어색함을 느끼지 않는다. 얼마 전에는 체코에서 AI 워크샵에 참여했는데, 챗GPT에 대한 설명이 끝나기도 전에 직접 프롬프트를 사용하는 학생들의 모습을 볼 수 있었다.

AI의 발전은 실수할까 봐 두려움을 느끼는 아이들이나 내성적인 성격을 가진 아이들에게는 더없이 좋은 기회다. 우리가 잘 알다시피 언어 교육의 제일 큰 걸림돌은 울렁증이다. 이것이 해결되지 않은 영어 교육은 사이드 브레이크가 걸린 차와 다름이 없다. 교실에서 쏟아지는 선생님과 학생들의 시선은 이런 울렁증을 가진 아이에게 긴장과 불안을 불러일으키는 큰 장애물이다. 내가 이전에 학생들을 대상으로 3달 동안 AI로 언어 수업을 진행한 결과, 학생들은 AI 조교와 학습할 때 이런 부정적인 감정들을 거의 느끼지 않았다. 언어적 오류에 대한 불안감이 현격히 줄어들었다. 상황에 따른 대화 연습이 가능하기에 앞으로 긴장감을 유발할 실제 회화 상황에 대비하기에도 적합했다. 내가 과거에 프랑스어를 공부할 때 8세 소피와 이야기하면서 마음속 긴장 브레이크를 해제한 경우와 비슷한 것이다. 이때 언어 습득의 뇌는 제대로 작동하게 된다. 제대로 작동하는 뇌는 행복감을 느끼고 그 행복감은 다시 학습 욕구를 추동한다.

AI 교육은 개개인에 맞게 학습 내용과 속도를 조정하기 쉬워서 아이의 호기심을 자극하고 학습 동기를 유발하기에도 좋다. '겨울왕국'의 엘사, '스파이더맨'의 스파이더맨처럼 아이가 좋아하는 영화 캐릭터와 직접 대화하는 효과를 낼 수도 있다. 개인적 관심사에 대한 질문을 쏟아내기에도 좋다. 영어로 소통하는 즐거움을 느껴볼 수 있는 것이다. AI 조교는 아이들이 몇 번이고 다시 질문하고 말을 걸어

도 귀찮아하지 않는다. 모르는 것을 물어본다고 눈치를 주지 않는다

부모들은 AI 기술이 아이의 교육에 아주 좋은 도구로 사용할 수 있다는 것을 이해하고 최대한 활용할 수 있어야 한다. AI 학습 조교는 부모보다 뛰어난 체력으로 끝없이 말을 만들며 아이의 대화 상대가 된다. 하지만 조심해야 할 점도 있다. 챗GPT 같은 생성형 AI는 편향되거나 사실이 아닌 정보를 제시하는 경우가 많아서 이 도구를 절대적인 지식 습득의 창으로 받아들이는 것은 경계해야 한다. 하지만 점차 이러한 한계도 극복되리라 기대해본다. AI 언어 선생님은 앞으로 언어 공부의 게임체인저가 될 것이다.

내 발음 콤플렉스가
아이한테 옮아갈까 걱정인가요?

발음은 한국인들이 영어 공부를 할 때 가장 중요하게 생각하는 요소다. 듣는 사람이 잘 알아들을 수 있게 말해야 한다는 차원에서 발음은 중요하다. 하지만 발음에 정답이 있다는 건 차원이 다른 얘기다. 영국에서 나는 다양한 영어 발음을 접한다. 프랑스 사람은 프랑스식 영어를, 독일 사람은 독일식 영어를 한다. 일본인, 중국인도 마찬가지다. 그런데 한국인들은 미국식 아니면 영국식 발음을 구

사하기 위해 발을 동동거린다. 자신의 발음을 콩글리시라고 자조한다. 나는 이것에 대해 부끄러워할 것도, 개선해야 할 바도 없다고 생각한다.

언어를 내재화하는 데 있어서 토착화는 필수다. 앵무새처럼 미국영어, 영국 영어를 따라 하는 것은 별 의미가 없다. 최근 몇 년간 한국 영화계는 상을 휩쓸었다. 봉준호 감독님이나 윤여정 배우님의 영어 인터뷰를 들어보면 모두 미국인 같지도 않고 영국인 같지도 않다. 그렇지만 이 두 분은 영어로 너무나 훌륭하고 재치 있고 즐거운 인터뷰를 하지 않았는가. 이 인터뷰를 접한 어느 영미권 사람들도 두 분의 발음에 대해서 혹은 스타일에 대해서 언급하지 않았을 것이다. 발음보다 중요한 것은 내용이다.

물론 영어 문화권에서 생활어로 영어를 사용할 때는 조금 상황이 다를 수 있다. 특정 발음과 언어 환경에 오래 노출된 사람은 자연스럽게 그 환경에 동화된다. 무의식적으로 말이다. 이것은 상대방이 내 말을 알아듣기 편하게 만드는 의식적인 배려일 수도 있다. 나는 한국 학교에서 미국 영어를 배우고 영국으로 유학을 갔다. 영국 사람들과 소통하다 보니 자연스레 영국식 말을 배웠고, 영국 발음이 익숙해졌다. 그러다가 미국 하버드대학교에 두 달 동안 가게 되었는데 나도 모르게 편의점에서 미국 영어를 쓰는 나를 발견했다. 편의점 직원이 내 말을 이해하기 쉽게 하려는 의도였다기보다 무의식적으로 그렇게 되었다. 물론 어떤 사람들은 특정 발음을 선호해서, 자기 스타일에 맞게 영국 영어나 미국 영어를 선택하기도 한다. 문제 없다. 다만, 한국식 영어 발음에 열등감을 가질 필요는 없는 것이다. 열등감은 아이에게도 전염된다. 모국어가 한국어인 아이가 영어를 원어민처럼 구사하는 것은 꽤 힘든 일이기에, 결국 이런 열등감은 또다시 세계인과의 소통에 브레이크를 만들 것이다.

오늘은 아이의 학교 앞에서 드미트리 씨를 만났다. 드미트리 씨는 아버지가 러시아인이고 어머니는 스코틀랜드 출신이다. 그는 한국 음식에 관심이 아주 많다. 오늘은 나를 만나서 김치를 만들었다고 자랑했다. 한국 사람인 나도 김치를 매주 담그지는 않는데 그는 매주 김치를 담가 먹는다. 김치가 얼마나 몸에 좋은지에 대해 다른 학부모들에게 역설한다. 영국에는 드미트리 씨 같은 분이 아주 많다. 한류의 영향으로 한식은 트렌드가 되었다. 영국 사람들에게 가장 인기가 많은 한식 요리 매체는 망치라는 캐나다 요리 유튜버. 너 나 할 것 없이 그의 채널을 보며 김치를 담그고 불고기를 만든다.

망치 유튜버의 영어는 우리가 듣기에도 딱 정겨운 콩글리시다. 한국 사람이 가장 자연스럽게 구사할 수 있는 영어 말이다. 발음도 정확하고 한국적인 표현들도 종종 보인다. 그녀는 미국의 여러 토크쇼에서 오프라 윈프리 같은 유명 인사와도 여러 번 대화를 나눴다. 그녀의 영어에는 무엇보다 자신감이 있다. 이 때문에 사람들은 그녀의 말에 귀 기울인다. 그녀를 통해 한국에서 불리는 한식 그대로의 명칭이 영어를 쓰는 사람들에게 알려지고 쓰인다. 한국 정부기관이나 언어학연구소에서 "한식을 음차 그대로 이렇게 로마자로 표기하세요."라고 하면 외국인들은 콧방귀도 뀌지 않을 것이다. 그런데 망치의 표현은 영어 구사자들에게 자연스레 스며든다.

중요한 것은 자신감이다. 자신감 있게 말하는 자세가 설득력을 높인다. 앨버트 메라비안Albert Mehrabian 교수의 연구에 따르면 소통은 93%가 말이 아니라 몸짓 언어(55%)와 목소리의 톤(38%)에 의존한다. 자신감이 없으면 완벽하게 말해도 성공적으로 소통하기가 어렵다. 아이들이 자신감 있게 아무 말이나 할 수 있도록 발음에 대한 엄격한 잣대를 거두어야 한다. 자신감만 해결되면 영어 공부의 가장 큰 산 하나를 이미 넘은 셈이다.

언어는
아이의 세계를
담는 집

공부의 첫걸음은 언어 학습이라고 해도 과언이 아니다. 여기서 말하는 공부는 책상 공부가 아니라, 다른 사람들과 소통하며 자신을 둘러싼 세상을 알아가는 공부다. 아이가 태어난 직후부터 정서적인 유대감을 형성하는 사람들과 끊임없이 사용하게 될 언어가 있을 것이다. 세계적인 인지과학자 스티븐 핑커Steven Pinker 는 한국어든 영어든 우리는 모국어 안에 존재하는 사고의 언어로 생각한다고 주장한다. 그는 이 추상 언어를 멘탈리즈mentalese 라고 부른다. 아이들의 멘탈리즈는 주변 사람들과 유대를 쌓는 언어로 형성되고 발달한다. 아이들은 점차 보고 들은 것에 대한 자신만의 생각을 언어로 표현하기 시작한다. 점차 글을 읽을 수 있게 되면서 더 복잡한 공부도 할 수 있게 된다.

아이들은 또한 언어에 다양한 감각을 감정에 결부시켜 인식한다. 사랑스러운 표정과 함께 전해지는 행복이 담긴 말, 찌푸린 표정에서 들려오는 속상한 말, 속삭이는 목소리에 실리는 다정한 말을 생각해보라. 이 때문에 연구에 따르면, 사람들은 모국어가 아닌 언어를 사용할 때 자신과 타인의 감정 변화에 덜 민감하게 반응한다. 뇌는 모국어가 아닌 언어를 이해할 때 감정 처리를 담당하지 않는 인지 영역을 더 많이 활성화시킨다.

아이에게 가장 친밀해야 할 사고의 언어는 생각, 표현, 감정의 언어다. 잘 발달된 사고의 언어는 결국 아이가 사회적인 인간으로 성장할 수 있도록 해준다. 그리고 모든 공부의 튼튼한 토대가 된다. 기초 언어를 배워 나가는 단계인 10세 이하의 아이들은 하루 종일 조잘조잘 떠든다. 갑자기 떠오르는 생각, 생겨나는 감정, 궁금증에 대해 엄마 아빠에게 하고 싶은 말이 넘쳐난다. 만약 아이가 이 과정에서 말을 차단당한다면 이는 생각, 표현, 감정을 차단당하는 것과 똑같다. 아이들의 표현하고 이야기하고 싶어 하는 마음을 지켜주려면 무엇보다 즐겁고 의미 있고 풍부한 언어 사용이 필요하다.

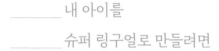

내 아이를
슈퍼 링구얼로 만들려면

우리 아이 반에 프랑스 아이 아노가 전학을 왔다. 이 아이의 아버지는 프랑스 사람이고 엄마는 중국 사람이다. 아이가 처음 배운 말은 중국어였지만, 프랑스에서 자라 프랑스어가 더 편안하다. 처음 전학을 와서는 영어를 한마디도 못했다. 하지만 이 아이는 행운아였다. 영국에서 태어났지만, 프랑스인 부모 밑에서 자라서 프랑스어가 유창한 발렌타인이 같은 반에 있었기 때문이다. 또 중국 아이 미키도 있었다. 보통 때는 발렌타인이 아노를 위해 통역을 한다. 그렇지만 발렌타인이 바쁘거나 귀찮아할 때, 아노는 미키의 도움을 받는다. 선생님은 수업 시간에 구글 번역기를 사용하여 아노를 가르친다. 우리 아이 학교에는 다른 한 친구의 프랑스인 엄마가 화요일마다 여는 프랑스어 클럽이 있다. 이 프랑스어 클럽 덕분에 우리 아이도 프랑스어를 한다. 아노는 영어가 날마다 늘고 있다. 반면에 아노의 주변 아이들은 프랑스어가 조금씩 늘고 있다. 아이들은 언어를 공부한다는 의식 없이 서로의 언어에 익숙해지는 중이다.

이제는 입맛과 취향에 따라 다른 언어와 단어가 쓰인다. 과거에는 이중, 혹은 다중언어가 언어학계의 주요한 화두였다. 여기에는 하나의 나라에서 하나의 언어가 사용되는 게 표준이라는 인식이 깔려 있다. 20세기 민족주의가 낳은 인식이기도 하다. 하지만 이제 국제적으로 너무 많은 국가 출신 사람들이 섞여 살기 때문에 이중이나 다중이라는 단어로 국제적 언어 사용의 양상을 표현하기가 어렵다. 나는 21세기 시민들의 삶이 수많은 언어와 문화의 경계를 넘어 이뤄지는 슈퍼 링구얼super-lingual, 슈퍼 컬츄럴super-cultural 시대에 놓여 있다. 슈퍼 링구얼 시대는 모두에게 닥친 현실이다. 슈퍼 링구얼들은 언어의 소비자와 생산자의 역할을 겸한다. 하이브리드 언어와 문화는 점차 일상이 될 것이다.

세상에는 수많은 언어가 있고 영어는 그중의 하나다. 영어만 배우는 것은 세상 일부만을 잘라 배우는 것이다. 과거와 소통하기 위해서는 고전어도 공부해야 한다. 영국에서 예전에 의대생들은 그리스어를 배웠다. 그리스어에서 유래된 병명이 많기 때문이다. 또 인간에 대한 이해가 육체적 병을 치료하는 기본 자질이라는 인식이 있기에 인문학을 공부하는 사람도 많았다. 한국의 학창 시절을 떠올려보면 문과와 이과 구분이 매우 분명했다. 이과생이 언어에 관심이 많으면 이상하게 생각했고, 제2외국어를 선택할 기회도 이과생에게는 주어지지 않았다. 과연 이게 옳은 방향일까?

나의 독일인 친구 루시는 백신 연구가다. 루시는 학창 시절에 라틴어와 그리스어를 아주 좋아하고 잘했다고 한다. 연구 중 바이러스나 병의 이름을 접할 때 이 고전어 지식은 큰 도움이 됐다. 옥스퍼드 대학교 언어 관련 학과에 지원하는 학생 중에는 수학이나 과학에 우수한 학생들이 많다. 마찬가지로 수학이나 과학 계통 학과에 지원하는 학생 중에 언어 한두 개를 입시 과목으로 공부한 학생들이 적지 않다. 효율을 중시하는 우리의 교육 시스템에서는 상상하기 어려운 일일 것이다.

역사를 공부하는 한 학생은 인도사에 관심이 많아 올 학기부터 산스크리트어를 공부한다고 했다. 어떤 학문이든 그것의 본문을 기록한 언어를 공부해야 더 깊은 학술적 이해에 이를 수 있다. 공부하는 사람들은 역사를 공부하고 문학을 공부하고 철학을 공부하기 위한 도구로서 언어를 배운다. 무엇보다 내가 이 학생을 통해 느낀 점은, 영국 학생들이 새로운 언어를 배우는 데 편견이 없다는 점이었다. 우리는 보통 '쓸데없이 왜 시간을 낭비하는가?'라는 실용적인 질문으로 많은 선택을 저울질한다. 이 저울 위에서 산스크리트어의 실용성은 적을 수 있다. 그러나 인문학이나 예술과 같이 삶을 풍부하고 충만하게 만드는 것들은 자주 실용적이지 않기 마련이다.

중학교 2학년인 우리 큰아이는 라틴어, 그리스어, 스페인어, 중국어를 공부한다. 1학년 때는 프랑스어를 배웠다. 우리 아이뿐 아니라 또래 아이들도 자기가 원하는 언어를 두세 개 골라서 공부한다. 여러 가지 언어를 공부하는 경험은 세계와 연결 고리를 만들고 진정한 세계인으로 성장하는 데 아주 소중한 시간이 될 것이다.

아이의 언어 능력, 언어 감각을 성장시키길 원한다면 언어에 묶인 시험의 고리를 끊어야 한다. 전공생만이 언어를 깊이 공부한다는 인식도 변해야 한다. 아이들에게 다양한 언어를 즐길 기회를 마련하는 일이 단기적으로는 시간 낭비처럼 들릴 수 있겠지만, 장기적으로는 아이의 언어 감각을 날카롭게 가다듬고, 영어를 포함한 새로운 언어에 대한 저항감을 낮춰줄 것이다.

종종 교포나 영미권에 이민을 온 아이들 중에 영어와 한국어를 섞어 쓰는 경우가 있다. 이 아이는 두 언어 사이에서 혼란을 겪는 걸까? 두 개 이상의 언어를 섞어서 쓰는 것을 '코드 스위칭' 혹은 '트랜스 랭귀징translanguaging'이라고 부르는데, 역사적으로 코드 스위칭은 언어 접촉(language contact)이 있는 곳에서는 흔히 일어나왔다. 13~15세기 중세 영시英詩에는 영어와 불어, 라틴어가 섞여 쓰였다. 코드 스위칭은 여러 가지 언어 사용 능력을 유지할 수 있도록 도와준다. 미국에서 쓰이는 스페인식 영어인 스팽글리시Spanglish와 웨일스에서 쓰이는 웨일스식 영어인 웰시-잉글리시Welsh-English도 이러한 코드 스위칭의 한 예시다.

아이러니하게도 이민자 가정의 부모가 부모의 모국어인 계승어(heritage language)를 유지하고 지키기 위해 이민 국가의 제1언어를 집에서 섞어 쓰는 것을 금지할 때, 자녀들이 오히려 더 빠르게 계승어의 감각을 잃는 경우가 흔하다. 이는 언어 사용에 대한 압박이 그 언어를 제대로 말하고 있는지 스스로 검열하게 만들어 자신감을 억누르기 때문이다.

아이들은 두 언어를 구사하는 능력이 부족해서 두 언어를 섞는

게 아니다. 원활한 소통을 위해서 더 적합한 단어를 선택하는 과정에 더 가깝다. 한국어를 처음 배운 아이들이 영어를 배울 때 한국어 단어를 영어 단어처럼 쓰는 경우도 있다. 예를 들면, 우리 작은아이는 'massage(마사지)'라는 말 대신에 '주무르다'라는 한국어 동사에 '-ing'를 붙여서 'jumuling(주물링)'이라는 말을 만들어냈다. 그리고 가끔 내가 피곤해 보이면 "Shall I give you jumuling?(주물러드릴까요?)"이라고 묻는다. 이 문장은 틀린 문장이라기보다 창의적인 문장이다. 영어로 말하는 중에도 한국어 단어가 꼭 필요한 경우가 있다. 한국어를 말할 때, 한국어 단어가 있지만 영어 단어가 더 적합하다고 느끼는 경우도 있지 않은가. 언어를 배우는 과정에서 영어와 한국어를 섞어 말하면 표현이 정확해지거나 더 풍부해지기도 한다. 두 가지 이상의 언어를 섞어서 상황에 가장 적합한 언어를 만들어내는 과정은 이중언어 습득에서 효과적이다.

영미권에서 한국어가 모국어인 아이들은 감정을 더 잘 표현한다. 한국어에는 살갑고 정감 있는 표현이 영어보다 많다. 교포들도 서로 영어로 말하다가도 한국어를 반드시 섞을 때가 있다. 영어로 표현할 수 있는 감성의 레퍼토리가 제한적이기 때문이다. 한국어 호칭어는 대표적인 예시다. 교포들은 친한 한국계 어른의 이름을 그대로 부르지 않는다. '삼촌'이나 '이모' 같은 친족어를 활용한다. 아이들에게 영어를 교육할 때, 한국어의 집이 다 지어지지 않은 상태에서 영어를 들이대면 아이들의 정시 표현은 제한된다. 부모나 주변 사람들과 친밀한 유대를 형성하는 데 문제가 생긴다. 마음의 언어를 표현할 기회와 대상을 잃게 된다.

요즘 MBC에서 '물 건너온 아빠들'이라는 예능 프로그램을 즐겨 본다. 한국인 여성과 결혼한 외국인 아빠들이 등장하는 육아 프로그램이다. 아이들 양육에 아빠의 역할이 중요하다는 사실을 일깨워주는 점이 좋다. 나는 언어학자로서 무엇보다도 각 가정의 언어 사용을 주의 깊게 보게 된다. 방송에 나오는 가정의 공통점은 아이들이 아빠 말과 엄마 말을 다 쓴다는 점이다. 엄마가 프랑스에서 온 올리비아네는 프랑스어와 한국어를, 아빠가 이탈리아에서 온 알베르토네는 이탈리아어와 한국어로, 일본에서 온 리온이네는 일본어와 한국어로, 영국에서 온 피터네는 영어와 한국어로 이야기한다. 기능적인 말을 할 때는 주로 한국어를 쓰지만, 아빠와 감정을 나눌 때는 금방 아빠 말로 바꿔 이야기한다.

룩셈부르크 한글학교에서 강의할 때 아빠는 이탈리아인, 엄마는 한국인인 경우를 만났다. 이들의 고민은 어떤 언어를 포기해야 하는지였다. 나는 하나도 포기하지 말라고 했다. 아이들은 언어를 스펀지처럼 습득한다. 애착 관계가 잘 형성된 부모와 함께 언어를 학습하면 몇 개의 언어도 습득할 수 있다. 아이가 언어를 배우는 데 한계는 없다.

영어 표현의 한계에도 불구하고 한국어와 영어에 어릴 적부터 즐겁게 노출된 아이들은 영어를 사용할 때 감정 어휘가 더 풍부하다. 풍부한 한국식 감성으로 영어를 쓰기 때문이다. 트랜스 랭귀징은 미래에 진정으로 필요한 능력이기도 하다. 다시 한번 강조하자면, 억압적인 학습 환경에서 영어에 대한 공포심을 증폭시킨다면 이런 효과를 거두기는 힘들다. 유년기에 아이를 다양한 문화에 즐겁게 노출시킨다면 트랜스 랭귀징 능력을 향상시킬 수 있다.

핵심은 영어가 아니라 언어다

얼마 전에 영국의 한 초등학교에서 인도 언어에 대해 강의했다. 영국에는 인도계 영국인들이 아주 많다. 그렇지만 대부분의 영국 아이들은 인도에서 사용하는 언어에 대해 잘 모른다. 영어의 시대를 살아가는 우리들이 세계 어디에서나 겪는 문제다. 세상에는 영어만 있는 게 아니니 말이다.

지인에게 이런 이야기를 들은 적이 있다. "우리 딸 클레어한테는 아키코라는 일본인 친구가 있었어요. 그 아이는 학교에 아주 예쁜 도시락을 가지고 왔어요. 우리 아이는 그 일본인 아이하고 친하게 지냈는데, 지금 대학생인 아이가 종종 그때의 경험을 이야기하면서, 아키코와 친구로 지낸 경험이 자신이 다른 언어와 문화에 마음을 열게 해주는 데 중요한 역할을 한 것 같다고 해요." 이처럼 다른 언어와 문화에 대한 긍정적인 경험은 아이의 포용력을 한층 성장시킨다. 아이가 낯선 언어나 문화를 접할 때, 두려움과 거부감보다는 호기심과 열린 마음으로 다가가게 되는 것이다.

내가 한국을 떠났던 20년 전만 해도 한국에서는 다언어, 다문화 개념이 낯설었다. 그런데 지금은 동남아시아, 중국, 일본, 영미권을 비롯해 여러 나라 사람들이 한국에 유학을 오고 일하고 가정을 꾸려 살아간다. 인구주택총조사가 5,174만 명을 조사하여 발표한 〈2021년 전국 다문화가족 실태조사〉에 따르면 한국의 다문화 가구는 34만 6,017가구, 가구원은 111만 9,267명으로 2018년 이후 100만 명을 넘었고, 다문화 가구원은 총인구에서 2%를 차지한다. 앞으로 이 수치는 계속 늘어날 전망이다. 이 중에서 부모, 대개 엄마의 국적은 베트남이 35.7%, 중국 16.8%, 필리핀 5.2%순이었다. 그런데 우리는 얼마나 이 문화권의 언어들을 배우고자 하는가? 안타깝게도 다문화 가정의 아이들은 또래에게 언어와 문화가 다르다는 이유로 자주 왕따를 당하기도 한다. 대개 이 아이들은 엄마의 언어를 모른 채, 아빠의 언어인 한국어만 습득하는 경우가 많다. 그래서 왕따를 당해도 엄마와 마음을 열고 대화하기조차 쉽지 않다.

내 한국인 제자 중 한 명이 서울에서 이민자들에게 한국어 교육 봉사를 하면서 한 여성을 만났다고 한다. 다른 학생들과는 달리 강의실 뒷자리에 조용히 앉아 있었기에 옆에 가서 말을 걸었다. 그 여성이 콜롬비아에서 왔다는 말을 듣고 간단한 스페인어로 말을 건네자 그녀는 그제야 환하게 웃으면서 대화의 물꼬를 텄다. 그녀는 한국에 결혼이민을 왔지만, 이혼하게 되었다. 그녀에게는 유치원생 아이가 있었는데 점점 한국어만 잘하게 돼서 소통이 어려워졌으며, 아이는 자연스럽게 한국어가 잘 통하는 아빠를 더 자주 찾게 됐다. 게다가 아이가 남편의 외모를 더 닮았기 때문에 아이와 함께 다니면 사람들이 "엄마는 어디 있어?"라고 묻고 그녀를 베이비 시터로 취급했다. 내 제자는 이 얘기를 들려주면서 씁쓸한 기분을 감추지 못했다.

한국인은 이민자가 한국어를 꼭 배워야 하지만 자신은 그들의 언어를 배울 필요가 없다고 생각하는 것 같다. 하지만 이제 국제 사회에서 한국의 역할이 커짐에 따라 한국인들도 사회에 만연한 언어와 문화에 대한 배타적인 태도를 극복해야 한다. 이것은 영어 사대주의와는 어느 정도 별개의 문제다. 우리가 영어를 세계와 소통하기 위해 배운다면, 이민자의 언어는 새로운 이웃들과 소통하기 위해 배우는 것이다. 늘어나는 다문화 가정의 아이들을 우리의 골칫거리, 사회의 아웃사이더가 되게 내버려두어서는 안 된다.

2021년 교육부와 한국교육개발원이 조사한 〈교육기본통계〉에 따르면 전국 대학교에서 공부하는 외국인 유학생의 수는 15만 명이나 된다. 초중등학교에 다니는 다문화 학생의 수도 16만 명이 넘는다. 우리 아이들은 이미 서로 다른 언어와 문화적 배경을 가진 사람들과 함께 공부하고 일하는 세상에 살고 있다. 타 인종이나 문화에 대한 개방성을 높이는 일의 시작은 언어 공부가 될 수 있다. 시험 압박이 없는 유년기 아이에게 영어뿐 아니라 이민자의 언어도 함께 접하게 해준다면 어떨까? 이는 언어 감각을 키우는 일뿐 아니라 닥쳐오는 다문화 환경에서 살아가는 데도 큰 도움이 되리라 장담한다.

2019년에 방송된 tvN 예능 '유 퀴즈 온 더 블럭'의 한 회차에서 우즈베키스탄에서 4세 때 한국으로 온 초등학생 아이가 인터뷰에 응했다. 방송에서 아이는 "한국말을 너무 잘한다."는 감탄과 함께 한국어 속담 실력을 테스트하는 질문을 받았다. 이국적인 아이의 이름을 MC들이 잘못 부르는 모습을 웃기게 표현하기도 했다. 아이가 이방인 취급을 받는 게 안타까웠다. 혼혈인 내 아이들이 생김새 때문에 영국에서 그런 인터뷰를 하게 되면 너무나 마음이 아플 것 같다.

이미 여러 국가에서는 외국인 정체성을 의미하는 'foreign'이라는 단어를 쓰는 것을 아주 조심스러워한다. 예를 들어 호주의 학교에서는 '외국어 교육'이 아니라 '언어 교육'이라는 말을 쓴다. 호주의 인구를 구성하는 다양한 이민자의 언어를 배우는 것이기 때문이다. 독일에서도 외국인이라는 말을 쉽게 쓰지 않는다. 독일에서 생활하는 사람이라면 국적에 상관없이 한 사회의 구성원으로 환대한다. 한국은 어떤 여권을 가졌는지, 인종은 무엇인지, 한국어를 유창하게 할 수 있는지 등 '우리'에 속할 '자격'을 까다롭게 생각한다. 우리 아이들이 다양한 문화와 언어적 배경을 가진 사람들과 어울려 지내는 평화로운 한국 사회를 만들기 위해 모두의 노력이 필요한 때다.

영어 감각 UP!

* 일주일에 한 번씩 꾸준히 도서관에 가는 습관을 들이세요. 재미있어 보이는 책을 직접 골라 보는 재미를 느끼게 해주세요. 재미를 느끼다 보면 아이의 언어는 자연스레 풍부해질 거예요.

* 자기 전에 이야기책 한 권을 읽어주세요. 언어 감각을 기르는 데에는 엄마 아빠의 목소리가 최고랍니다. 읽는 데 너무 집중하기보다는 아이와 소통하며 읽어주세요.

* 아이들이 책을 스스로 읽기 시작할 때, 독서 노트를 기록해주세요. 책을 읽은 날짜와 책의 제목, 아이가 새로 알게 된 단어, 아이의 반응 등 책을 읽은 경험과 아이의 성장에 대해 적어주세요. 아이 교육을 위한 관심사나 학습 성향 파악에 큰 도움이 됩니다.

* 책을 다 읽고 나면 책의 내용을 그림으로 표현하게 해주세요. 사고력이 상승할 거예요.

* 아이가 사용하는 단어를 노트에 일기처럼 적어보세요. 그리고 아이가 자기 말에 자신감을 가지고 더 자유롭게 떠들 수 있도록 아이의 언어습관에 맞게 소통해주세요.

* 한국어를 창의적으로 구사할 때 칭찬을 아끼지 마세요. 보통 영어

를 더 잘할 때 고무적인 칭찬을 하게 되는네, 영어가 한국이보디 중요하다는 인식은 위험해요.

* "엄마 아빠는 영어를 잘 못해." 이런 말은 삼가세요. 아이가 잘하는 영어와 못하는 영어를 구분 짓게 돼요. 그런 상황에서 아이가 영어를 자연스러운 자기 언어로 인식하기는 어려워요.

* 여러 가지 언어를 자연스럽게 섞어 써보세요. 아이가 언어와 언어 사이에 선을 허물게 해주세요. 언어 감각이 날카로워질 거예요.

3장

미래 감각

: 미래가 원하는 인재의 핵심 요소

영국인들은 아침에 일어나면 브렉퍼스트 티를 마신다. 아무리 출근이 급한 아침이어도 일어나자마자 주전자에 물부터 끓인다. 카페인은 남은 잠기운을 몰아내고 하루를 전망할 수 있는 맑은 정신을 깨워준다. 이 시간은 내가 무엇을 하는지도 모르는 채 바쁜 하루에 떠밀려가지 않도록 나를 하루의 시작점에 바로 세운다. 영국인들 특유의 위트와 실용주의가 이렇게 잠시 멈추고 사유하는 시간에서 나오는 것은 아닐까? 아이의 하루를 넘어 미래를 준비해야 하는 부모들에게도 이런 시간은 꼭 필요하다.

오늘날 정보에 대한 접근성은 매우 높아졌다. 민주주의 사회의 대중은 알 권리를 주장하며 모든 정보를 공개할 것을 요구한다. 과거에 한 분야의 전문가는 대중이 모르는 정보를 가진 사람이었다. 하지만 대중과 정보를 이어주던 이들의 역할은 점점 축소되고 있다. 나는 구글인(Google-lites)이라는 말을 쓴다. 이들은 직접 필요한 정보를 찾아나설 수 있으며 정보를 더 이상 희소하다고 느끼지 않는다.

빅데이터, AI 등으로 대표되는 '4차 산업혁명'은 2010년대를 지배한 화두였다. 하지만 이제 차수를 구분하는 것이 의미가 없어질 만큼 무서운 속도로 기술이 발전하고 있다. 지금 세상을 놀라게 하는 챗GPT나 그림을 그리고 음악을 창작하는 AI 기술은 몇 년 뒤에는 당연한 일상이 될 것이다.

한국의 교육 또한 이에 발맞춰 변해야 한다. 현실은 정보를 공유하는 방식인 빅데이터, 메타버스, 딥러닝을 이야기하지만, 정작 우리 아이들은 정보를 암기하는 방식으로 평가받고 있기 때문이다. 암기를 잘하는 능력은 점점 효용성을 잃고 있다. 어차피 기억력은 AI가 인간보다 월등하기 때문이다. 미래 인재들에게 요구되는 것은 정보를 적절히 운용할 수 있는 능력이다. 이 능력의 핵심은 한국이 지금껏 교육에 소홀히 했던 관찰력, 통찰력이다.

앞으로 5년, 10년 안에 무엇이 어떻게 바뀔지 우리 아이들에게 상세히 말하기는 힘들 것이다. 그렇지만 한 가지 확실한 것은, 지금 한국 학교에서 배운 지식은 사회에 나가서 일할 때 무용지물이 될 확률이 높다는 사실이다. 그렇다고 해서 아이가 성인이 된 뒤에도 부모가 옆에서 이거 공부해라, 저거 공부해라, 말해줄 수는 없는 노릇이다. 따라서 아이들에게는 평생 자발적으로, 계속 공부할 수 있는 능력이 필요하다. 앞으로 펼쳐질 급변하는 삶 속에서 새로운 정보나 기술을 마주했을 때, 그것을 이해하고 습득하고 활용할 수 있는 공부의 토대를 마련해야 한다.

아울러, 아이들 세대가 마주한 또 하나의 중요한 변화가 있다. 바로 인구 절벽이다. 모두가 알다시피 한국은 출산율 세계 최저 국가다. 전국 곳곳에서 문을 닫는 초등학교가 생기고 있다. 2023년 전국 초등학교 중 입학생이 단 1명인 학교가 125곳, 입학생이 아예 없는 학교가 131곳이었다. 한국의 어느 도시를 가도 아파트로 밀집된 풍경을 볼 수 있다. 이 많은 아파트를 10년, 20년 후에도 다 채울 수 있을까? 어쩌면 가까운 미래에 빈집이 넘쳐날 수도 있다. 아이들은 앞으로 또래를 찾기 힘든 미래를 살게 될 것이다.

이런 시대를 살아가야 하는 아이들에게 가장 필요한 가치는 무엇일까? 몇 안 되는 또래와 치열하게 순위를 겨루는 경쟁심일까? 경쟁은 외로운 시대를 살아갈 아이들을 더 외롭게 만들 뿐이다. 각자도생은 사회의 공멸을 불러올 것이다. 이런 시대를 살아가야 하는 아이들에게 가장 필요한 가치는 경쟁이 아닌 공존과 공생이다.

옥스퍼드식
교육을
생각하다

2005년 MIT 언어학 연구소 강의에서 노암 촘스키 교수님이 내주신 매번 질문을 하나씩 찾아오는 과제는 자신만의 비판적인 사고와 통찰력을 도출할 수 있게 해주었다. 이런 교육 방식은 AI 시대에 갖춰야 할 중요한 자질과도 연결된다. 아이들에게는 배운 것을 비판적으로 생각하고 자신만의 질문으로 변환하는 능력이 필요하다. 또 그런 질문에 대해 사람들과 자유롭게 생각을 나누고 토론할 수 있어야 한다.

요즘은 유튜브 채널을 통해서도 영국 국회에서 매주 수요일에 하는 '총리와의 질의응답(PMQ; Prime Minister's Questions)'을 실시간으로 보고 들을 수 있는데, 열띤 토론을 벌이는 영국 국회의원들을 보면 정말 놀랍다. 한국 국회에서는 미리 준비된 질의문답지를 읽는 모습이 익숙하다. 영국 국회에서 볼 수 있는 이런 토론 문화는 그리 놀라울 일이 아니다. 영국 아이들은 어릴 때부터 대화와 토론 문화를 체화한다.

옥스퍼드대학교는 튜토리얼이라는 소규모 그룹 교육에 진심이다. 다른 강의는 결석해도 성적에 큰 영향이 없지만, 교수와 일대일 혹은 소규모로 하는 튜토리얼에 결석하면 경고를 받는다. 이 시간에 학생들은 자신의 에세이를 가지고 와서 교수와 토론하고 대화한다. 입학하자마자 졸업할 때까지 3년 동안 이 커리큘럼을 반복한다. 이 튜토리얼은 일방적인 지식 전달의 시간이 아니다. 교수와 학생이 생각을 서로 주고받는 시간이다. 대화의 주제가 넓을 필요도 없다. 하나의 문제, 하나의 이슈를 가지고 매주 한 번씩 대화하고 토론한다. 옥스퍼드대학교는 이러한 교육을 지난 800년 동안 해왔다. 한 학교에서 30명의 총리가 나올 수 있었던 것은 이런 밑거름 때문일 것이다.

영국 왕립학회의 모토는 'Nullius in Verba'다. '누구의 말도 곧이 곧대로 받아들이지 말라.'는 뜻의 라틴어 문장이다. 학문이 발전하기 위해서는 권위를 의심할 수 있어야 한다. 당연해 보이는 것도 당연히 여기지 않는 자세가 혁신의 씨앗이 된다. "교과서를 믿지 말라."는 말이 있다. 교과서는 지금까지의 학술적 성취 중 일부를 가져다 정리해놓은 것이다. 새로운 학술적 발견으로 교과서 내용이 바뀌기도 한다. 어쩌면 내 아이가 미래에 교과서를 바꿀지 모를 일이다.

세계 인구의 0.2%밖에 되지 않는 유대인들은 전체 노벨상 수상자의 22%를 차지하고 있다. 사람들은 이러한 배경에 유대인들의 '하브루타' 공부법이 있다고 말한다. 하브루타는 유대인들의 전통적인 교육 방법으로, 나이나 성별에 상관없이 서로 논쟁하며 공부하는 것을 말한다. 유대인 부모나 교사들이 아이에게 가장 많이 하는 말은 '마따호쉐프'다. '네 생각은 어떠니? 네 생각은 뭐니?'란 뜻이다. 아이가 이떤 질문을 했을 때 간단한 답으로 끊어버리지 않고 아이의 생각을 다시 물어보기 위한 질문이다.

비판의 시작점은 호기심이다. 호기심이 의심으로, 의심이 비판으로 나아간다. 아이가 기본적으로 가진 호기심을 부모가 사라지게 해서는 안 된다. 계속해서 호기심을 가지고 살아갈 수 있도록 도와줘야 한다. 비판과 질문은 인간 창의성의 핵심이다. 어린 나이에 여러 지식을 빠르게, 많이 외우는 능력은 갈수록 무용해지고 있다. 아이들은 생각하고 질문하고 이야기하는 능력이 필요하다. 아이에게 질문을 강요하라는 말로 오해해서는 안 된다. 관심사 속에 아이를 놓아두고 자유롭게 관찰하고 생각할 수 있게 기다려주어야 한다. 우리는 아이들이 천천히 여유롭게 자랄 수 있는 여지를 마련해야 한다.

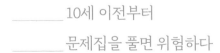

10세 이전부터 문제집을 풀면 위험하다

영국 아이들은 문제집을 풀지 않는다. 10세 이전 아이들에게는 숙제에 빨간색 펜을 되도록 대지 않는다. 틀린 철자도 그때그때 고쳐주지 않는다. 철자와 문법을 교정하는 대신 아이의 콘텐츠와 상상력을 본다. 한국 아이들의 몸에는 문제집으로 학습하는 습관이 배어 있다. 그러다 보니 '정답은 하나'라는 틀에 익숙하다. 틀린 답 속에 숨은 혁신의 가능성을 들여다볼 여유가 없다.

작은아이 제시는 컴퓨터로 실수를 간편하게 수정할 수 있는데 왜 굳이 철자를 외워야 하는지 자주 묻곤 한다. 나는 부모로서 아이를 설득할 수 있는 답변을 찾기가 어렵다. 실제로 맞춤법, 문법 검사 프로그램은 수도 없이 많다. 철자와 문법의 단순 암기가 필요 없어진 시점에서 이를 가지고 아이들의 지적 능력을 가늠하는 방식은 부적절하다.

암기식 교육의 효과는 아이들에게 극적으로 나타나는 것이 사실이다. 아이들은 몇 번 듣지도 않은 노래 가사나 이야기를 빠르게 다 외워버리기도 한다. 하지만 단기적인 효과가 나타난다고 해서 아이들에게 암기식 교육을 강요하면 뇌 발달에 부정적인 영향을 미칠 수 있다. 뇌 발달학에 따르면 뇌는 사용하는 방법에 따라 끊임없이 변화한다. 이것을 뇌의 '신경 가소성'이라고 한다. 뇌를 즐겁게 자극해야 이 신경 가소성이 극대화되는데, 암기와 같은 수동적 반복은 뇌를 지루하게 만든다.

아이들의 뇌를 순도 높게 자극할 수 있는 공부는 상상력 공부다. 아이들이 책이나 디지털 매체에서 정보를 접한 후, 이를 소화하는 과정에서 자신만의 상상력을 펼칠 시간을 가져야 한다. 영국의 초등학교에는 '보여주고 말하기(show and tell)' 과정이 날마다 있다. 아이들은 이 시간에 새로운 사물이나 경험에 대해 이야기한다. 경험을 더 잘 표현하기 위해 소품을 준비하기도 한다. 관심사를 키울 좋은 기회다.

큰아이는 학교에서 아마존에 대해 공부하고 한 달 동안 아마존 열대 우림을 모형으로 만들었다. 위키피디아나 책에 적힌 아마존에 대한 지식을 그냥 통째로 외우라고 했으면 한 달 동안 이런 열정을 유지하기 어려웠을 것이다. 아이는 모형을 만드는 동안 나름대로 아마존 전문가가 되었다. 아이의 성취감 또한 높아졌다. 이런 고무적인 경험을 통해 학습한 지식은 자연스레 내재화되어 삶 전반을 아우르는 소중한 지식으로 뇌에 자리 잡는다.

옥스퍼드대학교에서 미술대학 학장으로 있는 남편은 한국 학생들이 기술에만 집중한다고 말한다. 남편의 말에 따르면, 미술은 기술이 아니라 철학이다. 예를 들어 팝 아트의 선구자 앤디 워홀은 작업실을 공장처럼 만들고 노동자들에게 작품 만들게 함으로써 새로운 미술 분야인 팝아트를 실천했다. 그가 만든 '캠벨 수프'의 디자인은 지금도 대중에게 사랑받는다. 지금은 모든 분야에서 기술보다는 아이디어가 중요하다. 중요성을 과장하자면 아이디어가 90%, 기술은 10%다.

이제 아이들에게 새로운 아이디어를 구체화하는 능력을 가르치지 못한다면 정작 미래에 필요한 것을 학습으로부터 얻지 못할 것이다. 아이디어는 단기적인 훈련으로 나오지 않는다. 천천히 나아가는 장기전으로 생각해야 한다. 예를 들어 수학적 마인드는 수학 문제를 잘 푸는 능력이 아니다. 수학적인 논리력을 살아가면서 활용할 수 있는 능력이다. 문제집은 수학적 마인드가 아니라 수학 문제 풀이 능력을 키우는 학습재다. 그러니 문제집에 익숙한 아이는 조금만 문제 유형을 벗어나면 고전을 면치 못한다. 시험을 치고 시간이 조금만 지나도 유형을 풀어내는 공식을 잊어버린다. 아이들에게 중요한 미래 공부는 '스킬 러닝'이 아니라 '마인드 세팅'이다.

독서를 좋아하게 만드는 법

앞서 언급한 신경 가소성은 뇌가 새로운 학습에 반응하여 적응하고 변화하는 능력이다. 일상에서 신경 가소성을 최대화하는 활동은 독서다. 독서를 하면서 새로운 아이디어와 개념에 노출되면 우리의 뇌는 새로운 연결을 만들어 정보에 적응하는 과정을 거친다. 한 연구에 따르면, 독서는 기억력, 집중력, 문제해결 능력 향상에 영향을 미친다. 그뿐만 아니라 스트레스를 경감시키기도 한다.

독서란 무엇일까? 전통적인 의미에서 책은 활자가 적히거나 인쇄된 종이 묶음이고, 하향식으로 지식을 전달하는 데 효과적인 수단이었다. 불과 얼마 전까지만 해도 우리에게 종이책은 정보를 얻을 수 있는 거의 유일한 매체였다. 내가 학생일 때만 해도 직접 도서관에서 필요한 책을 찾아 읽어야 논문을 쓸 수 있었다. AI가 논문을 쓸 수 있게 된 지금은 상상도 할 수 없었다. 지금 시대를 살아가는 아이들에게 독서는 정보를 얻을 수 있는 수많은 수단 중 하나일 것이다. 단순히 줄거리와 요지를 파악하는 독서는 더더욱 아이들의 흥미를 끌지 못한다. 아이들이 독서를 좋아하게 하려면 책과 소통하는 즐거움을 느끼게 만들어주어야 한다. 독서하다가 멈춰서 질문을 던지고 스스로 답을 찾을 시간이 필요하다.

그렇다면 다독은 좋은 전략일까? 옥스퍼드대학교에서 입학처장으로 7년 동안 일하면서 수많은 자기소개서를 읽었다. 많은 책을 읽었다는 학생을 수도 없이 만나봤지만, 정작 읽은 책에 대한 자기 생각을 표현하기 어려워하는 학생들이 많았다. 알고 보니 책을 제대로 읽지 않은 학생들도 있었다. 그리고 깨닫게 되었다. 책을 무조건 많이 읽는 것보다 자기 인생에 의미 있는 책 한 권, 감명 깊게 마음에 새긴 한 구절이 더 중요하다는 사실을 말이다. 나는 내 아이들에게 책을 많이 읽기보다 한 권의 책이라도 읽고 나서 생각을 정리할 시간을 주려고 한다. 요약과 정리는 AI가 해줄 테니까 말이다. 아이들은 독서를 발판 삼아 더 큰 사유의 영역으로 나아갈 수 있어야 한다.

요즘 아이들은 영상 이미지로 정보를 습득한다. 어른들도 마찬가지지만 아이들이 훨씬 익숙하다. 매체는 정보를 취하는 수단일 뿐이다. '책'이라는 양식에만 매달릴 필요가 없다. 매체들을 적절히 활용해 입체적으로 지식을 받아들이고 사용하는 일이 중요하다. 얼마전, 옥스퍼드대학교의 중앙 도서관인 보들리안 도서관에 '놀라운 책'이라는 뜻의 'Sensational Books' 전시회가 열렸다. 이 전시회에서는 '독서'를 전통적인 의미에서의 '읽기'에서 벗어나 모든 감각을 활용할 수 있는 경험으로 해석했다. 우리 두 아이는 냄새 맡을 수 있는책, 먹을 수 있는 책, 들을 수 있는 책 등 여러 종류의 책을 체험하며즐거워했다. 아이들이 책에 대한 고정관념을 깨는 기회가 되었다.

우리 작은아이는 만화광이다. 나는 아이에게 왜 만화책을 읽느냐고 나무라지 않는다. 아이는 만화책에는 그림도 있고 글씨도 있는 데다가 웃겨서 좋다고 한다. 아이는 틈만 나면 직접 만화를 그려서 친구들을 웃긴다. 아이들에게 있어 책에는 서열이 없다. 그저 자기가좋아하는 책을 찾으면 된다.

영국에서는 어린이, 청소년 모두 책을 좋아한다. 생일에 책 선물도 많이 한다. 어른들도 책을 아주 좋아한다. 카페를 가도 기차를 타도 어디서든 책 읽는 사람들을 찾아볼 수 있고, 최근 읽은 책, 좋아하는 책을 함께 이야기할 기회도 많다. 아이가 독서를 자연스러운 일상으로 받아들일 수 있는 환경이다. 만약 부모는 책을 읽지 않는데아이에게만 독서를 강요하고 있다면, 아이들은 책이 재미있는 것이

Date	Book and Page Number	Remarks
Tue 19 Nov	Re Robbe	We read it together. She seems very confident in reading :) Esther
Wed 20 No	The Robbe *good work*	After breakfast we read the whole book and then Sarah spelt "I want that apple" Dad
21.11.13	Going to School I read with Meghan	Sarah did some brilliant sounding out + is recognising more sounds/words by sight! ☺ Keep up the good work!
27/11	The Treasure Hunt	I read with Sam. Sarah read really well, and recognised 'the' every time. She used pictures and sounds to figure out words. Well done!
29/11	Dr Xargle's Book of Earthlets	Sarah read 3 pages, spelling each word very well. Dad

※ 제시가 일자별로 작성한 독서 기록, 리딩 레코드

라고 생각하기 어렵다. 만약 아이들이 독서를 더 하기 바란다면 책 읽기 자연스러운 환경이 형성되어 있는지 살펴봐야 한다.

독서 습관을 위해 위와 같이 독서 노트나 독서 일기를 작성해보는 것은 어떨까? 영국 학교에는 날마다 아이들의 독서에 대해 선생님과 부모님이 한 마디씩 적어 주는 '리딩 레코드Reading Record' 교과과정이 있다. 아주 간단한 코멘트지만 하루씩 쌓여가는 독서 기록을 보며 아이들은 성취감을 느끼고 부모도 아이의 성장을 가늠한다.

다시 한번 강조하자면 아이가 책을 읽는 동안, 혹은 읽은 후에 생각할 시간이 꼭 있어야 한다. 그리고 이를 바탕으로 다른 사람들과 이야기해야 한다. 만약 부모가 아이의 독서 환경을 위해 책을 읽고 싶은데 무슨 책을 읽어야 할지 모르겠다면, 아이들과 같은 책을 읽어 보는 것도 좋은 방법이다. 책을 읽으면서 떠오른 것들을 함께 이야기 해보면 어떨까? 아이들이 독서를 생활의 일부라고 느끼게 만들 좋은 방법이다.

_____ 문해력에 대한
_____ 전혀 다른 시각

아이들의 문해력에 대한 관심과 걱정의 목소리가 많이 들린다. 요즘 아이들이 책을 읽지 않아 '사흘'을 '4일'로 이해한다거나 '심심한 사과'를 '재미없는 사과'로 이해해서 걱정이라고 말한다. 그런데 한편으로 이런 생각이 든다. 아이들만 어른들의 말을 이해하지 못하는 게 아니라, 어른들도 아이들의 말을 이해하지 못하고 있는 게 아닐지 말이다. 우리 아이들이 성장한 언어 환경은 부모 세대의 언어 환경과 차이가 크다. 언어는 사용자의 사회 환경에 따라 유동적으로 변한다. 같은 한국어도 시공간적 맥락에 따라 의미가 달라진다. 아이들이 '사흘'과 '심심하다'의 뜻을 정확히 몰랐다는 사실은 아이들이 이런 단어를 몰라도 생활할 수 있다는 의미이기도 하다.

부모 세대가 한자어로 이루어진 신문과 책을 통해 정보를 습득하는 시대에 살았다면, 아이들은 영어와 영어 혼종어에 더 많이 노출되는 시대에 살고 있다. 한국 3~6세 아동의 사용 어휘를 조사한 결과 감탄사 어휘로 '오 마이 갓'을 자주 사용한다는 걸 확인할 수 있다. 영어 남용이라는 비판이 있을 정도로 영어 사용이 많은 와중에 아이들이 한자어를 잘 모른다고 지탄하는 것은 앞뒤가 맞지 않는다. 오히려 대부분 한자어로 구성된 교과서를 이해하는 과정에서 아이들이 얼마나 큰 어려움을 느끼고 있을지 이해하고 공감할 필요가 있다.

부모 세대와 아이들은 정보를 받아들이는 매체도 다르다. 아이들은 디지털 매체를 통해 세상과 소통한다. 그러니 이들이 어른이 된 시점의 디지털 문해력은 부모 세대보다 월등할 것이다. 요즘 초등학생은 VR로 과학을 공부하고 메타버스에서 친구들과 수학 개념을 배운다. 이미지 언어인 이모지, 밈, 짤(이미지 파일)만으로도 친구들과 소통하는 데 문제가 없다.

전 세계 아이들에게 게임 '마인크래프트'의 인기는 엄청나다. 이 게임에서는 이용자가 자신만의 가상 세계에서 재료를 수집해 집을 디자인하거나 지을 수 있다. 2016년에 마이크로소프트는 개발사를 인수하면서 이 게임의 교육적 효과에 대해 '디지털 시대의 레고'라고 강조했다. 아이들은 가상 공간에서 자유자재로 건물을 지으면서 창작하고 친구들과 소통한다. 부모 세대에게 가상의 3D 공간을 디자인하는 활동은 낯설지만 아이들에게는 어려운 일이 아니다. 유럽 지역 한글학교 청소년 캠프에서는 이 게임을 활용해 한국의 여러 유적지를 재건하는 프로젝트를 진행하고 있다. 얼마 전에는 런던의 세계 최대 에듀테크 박람회인 BETT(British Educational Training and Technology)에서 다양한 코딩 교재와 교구를 접했다. 그곳에 초등학생, 중학생으로 보이는 아이들도 견학을 와 있었는데, 아이들은 교구 활용법에 대해 설명을 듣지 않아도 기호와 그림만으로 자연스럽게 코딩에 접근했다.

나는 초등학교 2학년 때 학교에서 '분필'을 표현할 수 있는 단어 50개를 찾아오라는 숙제를 받았다. 하얗다, 길다, 가루, 칠판 등 50개나 되는 단어를 생각하는 과정에서 자연스럽게 어휘력이 늘어났다. 아이들과도 이런 활동을 해보자. 우선 전자 칠판에 익숙한 아이들에게는 분필은 부모 세대의 분필과 다를 것이다. 아이들은 과제를 받자마자 태블릿이나 노트북 같은 전자기기를 꺼낼지도 모른다. 그리고 부모 세대가 전혀 예상하지 못하는 의외의 대답을 가져올 것이다. 그림, 사진, 영상, 소리 등의 다양한 형태의 기호 언어와 외래어를 가져올 수도 있다. 부모 세대는 아이들의 언어와 자기 세대의 언어를 마주 하는 과정을 통해 아이들의 언어를 이해하고 아이와 더 잘 소통할 수 있게 될 것이다. 또 부모도 아이를 통해 새로운 세대의 감각을 학습할 수 있다. 프랑스 철학자 자크 랑시에르Jacques Rancière

의 말처럼, 선생님과 학생, 부모와 자식의 관계는 고정적으로 교육하고 학습하는 관계가 아니고 함께 배우며 상생하는 관계다.

우리 아이는
미래 인재인가?

옥스퍼드대학교의 신입생을 선발하는 인터뷰에서 매년 우수한 학생들을 만난다. 14년 동안 12월 첫째 주에 인터뷰를 진행했고, 7년 동안은 동양학부 전체의 입학처장 일을 했다. 자기소개서 또한 수없이 읽어보았다. 사립학교 학생들은 나름대로 코칭받은 듯한 번듯한 글을 제출한다. 인터뷰에서도 면접관의 질문을 듣자마자 리허설을 몇 번씩 한 것 같은 답을 청산유수로 하곤 한다. 그런데 면접관 열에 아홉은 이런 학생들을 선호하지 않는다.

세상에 안 읽은 책이 없는 것만 같은 학생들도 있다. 어떤 학생은 내가 쓴 책을 읽어본 것처럼 말했다. 그런데, 몇 번 질문해보면 실제로 읽었다기보다 몇 장 맛보았을 뿐이라는 사실을 금방 알 수 있다. 엄청난 수상 경력이 있는, 소위 스펙이 화려한 지원자들도 많이 보았다. 하지만 옥스퍼드대학교 교수들은 화려한 스펙에 관심이 없다. 100권의 책보다 한 권의 책, 다양한 경험과 수상 이력보다 한 관심사를 파고드는 생각의 깊이에 관심을 기울인다. 특정한 영역에 대한 폭발적인 열정을 보이는 소수의 인재를 찾는 것이다.

한 번은 입학 인터뷰에서 토미라는 학생을 만났다. 왜 옥스퍼드대학교에서 공부하려는지 물어봤다. 토미는 부자가 되고 싶어서라고 답했다. 보통은 이런 대답을 하는 학생은 드문데 토미는 아주 당당하게 자기 이야기를 했다. 가족 중에 대학에 간 사람이 없는데, 공부해서 아버지 기업인 정비소를 더 잘 경영해서 부자가 되고 싶다고 했다. 자신이 원하는 것에 솔직하고 당당했다. 면접관들은 이런 토미에게 이튼 칼리지 같은 명문 학교에서 다듬어온 대답을 한 학생보다 높은 점수를 주었다. 토미는 옥스퍼드를 우등생으로 졸업하고 지금은 성공적으로 사업을 경영하고 있다. 면접 때처럼 씩씩하고 당당하고 행복하게 말이다. 그는 소위 말하는 괴짜 학생이었다. 옥스퍼드는 자신을 솔직하게 표현할 수 있는 배짱 있는 사람을 기다린다. 이런 사람들이 미래 대학, 미래 사회가 요구하는 인재이기 때문이다.

옥스퍼드대학교는 학생이 지금까지 이뤄낸 것들보다 장래의 가능성을 더 중요하게 생각한다. 좋은 환경에서 좋은 교육을 받은 수재들보다는 어려운 환경에서 각별한 혜택을 받지는 못했지만, 잘 키우면 큰 나무가 될 수 있는, 숨어 있는 원석과 같은 인재들을 찾으려고 한다. 옥스퍼드에 지원하기 위해서는 보통 'A 레벨'이라고 불리는 영국의 수능 시험에서 A를 세 과목에서 받아야 한다는 인식이 있는데, 가끔은 점수가 조금 미달이 되는 학생들도 지원한다. 그런데 옥스퍼드대학교에서 이런 학생들에게 오퍼를 주는 경우도 드물지 않게 볼 수 있다. 가정 형편이 어려운 학생들에게는 전액 장학금을 제공한다. 이렇게 장학금을 받고 공부한 학생들은 성공한 뒤에 학교에 돌아와

기부하고 과거의 자신과 비슷한 처지인 후배들에게 장학금을 되돌려준다.

한국 아이들은 자격증 쌓기에 열중한다. 자신의 능력을 증명해 보이려는 듯, 시험, 대회 등에서 객관적인 수치와 성과를 내고자 한다. 이렇게 한국만의 독특한 자격증 문화는 유년부터 시작된다. 피아노는 체르니 몇 번, 태권도는 검은 띠, 영어 점수는 몇 점 등의 기준을 만들어놓고 최소한 이것은 해야 한다는 부담을 만든다. 부담은 상상력이 자랄 공간을 앗아간다. 각종 자격증, 시험 점수가 실제 아이의 능력을 제대로 보여준다고 말하기는 힘들다. 자격증으로 학습한 지식은 관심사에 대한 열정과 풍부한 경험이 쌓여 내재화된 지식을 이길 수 없다. 아이가 진심으로 몰입할 수 있는 대상을 찾고 이에 대한 접근성을 확대해준다면 아이는 어느 순간 거짓말처럼 누구도 흉내 낼 수 없는 진짜 '역량'을 갖추게 될 것이다.

_____ 독주하는 1등이
_____ 도태될 미래

"내가 남들보다 더 멀리 보았다면, 이는 내가 거인들의 어깨 위에 서 있었기 때문이다(If I have seen further, it is by standing on the shoulders of giants). "

아이작 뉴턴이 1675년 편지에 쓴 이 구절은, 아무리 위대한 성과여도 그것을 개인만의 싱과라 할 수 없다는 사실을 의미한다. 뉴턴의 경우 선배 과학자들의 연구 성과에 빚졌다. 이론물리학자 스티븐 호킹 또한 2017년에 박사 논문을 대중에게 공개하면서 이 구절을 인용했다. "각 세대는 그 전 세대의 어깨 위에 서 있다. 내가 케임브리지에서 박사 과정 학생일 때 아이작 뉴턴, 제임스 클러크 맥스웰James Clerk Maxwell, 알버트 아인슈타인의 연구에서 영감을 받은 것처럼 말이다."라고 말했다.

노벨박물관에서는 노벨상 수상자들의 핵심역량을 '창의력'으로 정의한다. 그리고 그러한 창의력이 발휘되기 위해서는 다른 사람들과 소통하고 협업하는 능력이 필요하다는 점을 강조한다. 협업 없이는 혁신할 수 없고, 아무리 뛰어난 아이디어를 가진 똑똑한 사람이라고 할지라도 다른 사람과 소통할 수 없다면 성공하기 어렵다는 것이다.

지금 교육계의 화두는 이전과 달리 효율성이 아닌 감성과 공감이다. 이제 세상의 문제들은 한 뛰어난 개인이 해결하기에 너무 복잡해서 팀 단위로 접근해야만 성과를 낼 수 있게 되었다. 감성과 공감을 통한 소통과 협력, 조화의 가치는 그 어느 때보다도 중요해졌다. 이는 상하 관계에 얽매이지 않고 서로의 역할을 존중하며 수평적인 관계를 맺을 수 있는 능력이기도 하다.

나는 종종 교수 임용 심사위원으로 참여한다. 대체로 뛰어나지만 비슷한 스펙을 가지고 있다. 논문 개수도 비슷하다. 이때 이력서에 적힌 객관적인 조건보다 결국 중요하게 고려하는 것은 그 사람이 함께 일하기에 적합한 사람인지 여부다. 타인의 말에 경청하면서 소통할 줄 알고 융통성을 갖추면 좋다. 책임감과 배려심까지 있다면 완벽하다. 연구는 팀플레이기 때문이다. 일례로 생명공학 연구실에서는 한 논문을 위해 수십 명이 협력한다. 기후 연구실에서도 전 세계 기후를 연구하기 위해 전 세계의 연구실과 긴밀하게 소통하는 모습을 보곤 한다. 우리는 영화가 끝나면 엔딩 크레딧에 셀 수도 없는 사람들의 이름이 적힌 것을 확인할 수 있다. 두 시간 남짓한 영화를 투자, 제작, 상영하는 데도 그 정도의 협업 규모가 필요하다.

이들이 도모하는 것은 연결이다. 연결은 규모를 키우고 규모는 경제성을 창출한다. 4차 산업혁명의 시대는 과거에는 불가능했던 현실과 가상의 탈경계를 통해 연결의 규모를 실현한다. 하지만 결국 연결 속에서 주체로 활동하는 것은 개인이다. 만약 지금 아이에게 협업하는 습관과 능력을 길러주지 못한다면, 아이는 모든 것이 연결되는 미래 환경에서 홀로 어려움을 겪을 가능성이 크다.

AI로
학습 효과를
극대화하라

작은아이 제시는 코로나19 팬데믹으로 인해 학교 현장 교육이 중단되고 거의 2년 동안 수업의 3분의 1을 온라인으로 수강해야 했다. 등교가 재개되었지만 지금도 대부분 학교 과제는 인터넷으로 한다. 제시에게는 인터넷이 일상이다. 어릴 때부터 컴퓨터와 아이패드를 자유자재로 다룰 줄 알았고, 글을 쓸 줄 몰랐을 때는 이모티콘을 사용했다. 요즘에는 메타버스 플랫폼, 로블록스에서 친구들과 게임을 하면서 논다. 또 제시는 어릴 때부터 철자 자동 수정 기능에 익숙했다. 그녀와 친구들은 해외에 계신 조부모님, 친척들을 온라인으로 더 자주 만난다. 이 아이들의 삶은 어떤 형태로든 AI가 기반이 된 디지털 공간과 연결되어 있다.

'디지털 네이티브Digital Native'라는 말은 2001년 마크 프렌스키Marc Prensky가 만든 용어다. 〈디지털 네이티브, 디지털 이민자〉라는 논문에서 프렌스키는 디지털 네이티브를 "컴퓨터, 휴대폰 및 기타 디지털 기기에 둘러싸여 자란 젊은이들"로 정의했다. 물론 그 후 다양한 디지털 기기의 등장과 기술 발전으로 디지털 환경은 극적인 변화를 겪었고, 나는 이러한 변화를 강조하기 위해 'AI 네이티브'라는 용어를 사용하려고 한다.

Z세대(1997~2010년 출생자), 알파세대(2010년 이후 출생자), 그리고 미래 세대는 모두 'AI 네이티브'다. AI는 이 세대 아이들의 친구이고 VR은 이들의 놀이터다. 언어 학습은 물론이고 코딩이나 작문에서도 큰 역할을 한다. 하지만 몇몇 국가에서는 챗GPT를 금지하는 법을 만들기도 했다. 산업계는 시대의 변화에 역행하는 처사라며 우려를 표했다. 특히나 이는 미래 세대인 아이들에게 부당해 보인다. 마치 펜과 종이 세대에게 사전을 금지하거나 밀레니얼세대에게 구글이나 네이버를 금지하는 것과 같다. 우리가 선택해야 할 것은 AI를 쓸 수 있게 허락하느냐 마느냐가 아니다. 우리는 미래 세대가 AI를 잘 사용할 수 있도록 교육해야 한다. AI의 도움은 받되 전적으로 의존하지 않고 과제를 완성하는 방법, 종종 AI가 문제 상황에 내놓는 비윤리적인 솔루션을 비판적으로 수용하는 방법 등을 말이다.

최근 AI 네이티브를 교육하면서 내가 가르칠 것이 많지 않다는 사실을 깨달았다. 아이들이 나보다 AI에 대해 더 잘 알고 있기 때문이다. 체코에서 일주일간 AI 집중 워크숍을 진행했을 때 참가자들은 모두 20대 초반이었다. 원래의 계획은 참가자들에게 다양한 AI 도구 사용법을 교육하는 것이었지만, 첫 시간 만에 모든 참가자가 나의 도움 없이도 쉽게 디지털 공간을 탐색했다. 이 영역에서 내 역할은 교육이 아니라 소개였다는 사실을 알게 되었다. Z세대와 알파세대는 디지털 공간에 익숙함을 느끼는 세대다. 이들에게 AI 역량은 삶에서 꼭 필요한 능력이다. AI를 마음껏 활용해야 생산적으로 살아갈 수 있다.

AI가 창의력을 죽일까
걱정된다면

우리는 AI 시대에 교육과 학업 평가에 어떻게 접근해야 할까? 앞으로 교육의 패러다임은 큰 변화를 맞이할 것이다. 세간의 우려와 달리 AI 시대는 교육의 위기가 아니라 새로운 기회를 만들 것이다. AI 선생님은 한국 사회의 사교육 문제 해결에도 해답이 될 수 있다. 일부 학교에서는 교내 인터넷 네트워크에서 챗GPT를 금지하려는 움직임을 보이고 있지만, 그게 무슨 소용이 있을지 모르겠다. 아이들은 여전히 가정에서 챗GPT에 접속할 수 있다. AI 네이티브인 아이들은 물 속의 물고기처럼 디지털 세상에 적응해 살고 있다. 그에 비해 나는 20대 후반에야 디지털 기기를 접했다. 미래를 더 잘 대비하기 위해서, 아이를 더 잘 교육하기 위해서 부모 세대는 새로운 세대를 이해하려고 노력해야 한다. 그리고 아이들이 AI 시대를 헤쳐나갈 방법을 고민해야 한다. AI의 발전은 전통적인 교육의 종말을 가져올 것이다. 부모로서 나는 우리 아이가 어떤 새로운 세상을 살아갈지 궁금하고 기대된다.

AI 시대에는 AI와 인간이 적절한 분업 구조를 이룬다. 교육계의 관점에서 이는 '시식 암기'와 '지식 석용'이 분리되는 것을 의미한다. 여기서 지식 적용이 인간의 몫이다. 아이에게는 암기가 아니라, 이미 주어진 지식과 데이터를 활용해 문제를 통찰하는 방법을 가르쳐야 한다. 과거에는 정보의 습득과 소유를 성공의 열쇠로 여겼다. 하지만 이제 우리에게 중요한 것은 창의적이고 전략적으로 사고하는 능력이다. AI 워크숍에서 어떤 학생은 AI 때문에 젊은 세대가 게으르고 수동적으로 변할지 모른다고 우려했다. 사람들이 창의적인 작품을 생산하기보다 소비만 하게 될 수도 있다는 것이다. 경우에 따라 AI는 인간의 창의력에 힘을 실어줄 수도, 힘을 잃게 할 수도 있다.

알파세대는 가상의 동물을 실재하는 반려동물처럼 돌보고 메타버스에서 수학을 게임처럼 공부한다. 한국에 사는 초등학생 조카는 VR로 배추흰나비를 키우며 성장 과정을 관찰한다고 한다. 나는 AI와 인간 사고의 차이를 테스트하기 위해 작은아이에게 'AI와 함께하는 일상'을 그려달라고 부탁했다.

제시는 숙제하는 장면을 그렸다. 제시가 혼자서 문제를 풀다가 답을 틀린다. 하지만 이후 로봇의 도움을 받아 문제를 맞히자 선생님이 엄지손가락을 세우고 있다. 제시는 로봇 친구와 함께 찬장에서 과자를 몰래 찾아 먹는 그림도 그렸다. 엄마(나)가 이 사실을 알고 화를

* (왼쪽부터)제시가 로봇과 함께 숙제하는 그림. 제시가 로봇과 함께 과자를 몰래 먹는 그림.
  AI가 그린 'AI와 함께하는 일상'

내자 제씨와 로봇은 과자를 찬장에 가져다 놓는다. 그러자 엄마(나)는
제씨에게 비스킷을 주고 로봇에게는 기름을 준다.

　제시의 그림들을 살펴본 후, 나는 오픈AI에서 개발한 DALL-E
2에게 "로봇과 인간이 조화롭게 사는 모습을 그려 달라."고 프롬프
트에 주문했다. 그러자 AI는 두 로봇이 춤추고 이야기하는 모습을
그려냈다. 한눈에 보기에도 제시의 그림에 비해 단조롭고 제한적이
다. 만약 DALL-E 2에게 "강아지 이미지를 보여주는 로봇과 함께 언
덕에 앉아 있는 아이를 그려달라."고 요청했다면 제씨와 비슷한 그
림을 그렸을지 모르지만, 그렇다면 그 창의성은 AI의 그림이 아니
라 나의 요청 쪽에 있었을 것이다. 제시에게 왜 그런 그림을 그렸는
지 물었더니 "그냥 하고 싶어서."라고 답했다. AI에게는 이런 직관이

없다. AI를 적절하게 활용하기 위해서는 먼저 사용자가 될 아이들이 창의성을 발휘해야 한다.

한국 정부는 2025년부터 초중고등학교 일부에 기존의 종이 교과서를 대체하는 AI 기반 교과서를 도입하겠다고 발표했다. 또한 수학, 영어, 정보 기술의 맞춤형 학습을 위해 디지털 도구를 학생 개개인에게 제공할 계획이다. 첫 번째 시행 단계를 시행한 뒤 다른 과목으로 확대할지 여부를 결정할 것이다. 이는 2028년 교육 프로그램의 전면 AI 교과서 전환을 목표로 한다. 아이들의 학습 경험은 책으로 공부하던 이전 세대와 분명 다르다. '읽다'와 같은 전통적인 학습 동사의 자리를 '보다'가 대체할 수도 있다.

부모가 AI 교육 시대에 발맞춰 아이를 교육하는 것이 아주 어려운 일은 아니다. 챗GPT와 함께 글쓰기를 해보는 건 어떨까? 봄에 대한 소재를 가지고 챗GPT와 아이가 함께 글을 쓰게 하는 것이다. 글이 아니라 질문을 만드는 활동이어도 좋다. 동화 혹은 간단한 규칙을 가진 게임을 만들어보는 것도 아이의 창의성 향상에 큰 자극이 될 것이다. 이때 부모는 아이와 챗GPT를 비교하기보다 아이가 잘한 점을 칭찬해주고 챗GPT의 결과값을 아이와 함께 호기심 넘치는 태도로 들여다봐야 한다. 이렇게 아이는 챗GPT와 함께 놀면서 자연스럽게 학습 효과를 극대화할 것이다.

영국 부모도 한국 부모처럼 아이들이 유튜브나 게임에 너무 오랜 시간 노출되는 것에 부정적이다. 나도 마찬가지다. 그런데 부모가 아이들과 같이 시간을 보내지 않거나 더 재미있는 대안을 제시해주지 않고 아이들을 다그치기만 하면 이 문제를 해결하기가 어렵다. 영국 부모들은 아이와 함께 어떻게 하면 '즐거운 시간'을 보낼 수 있을까 골몰한다. 그러다 보니 아이들이 상대적으로 전자기기에 덜 빠진다.

한국 식당에서는 유아에게도 스마트폰이나 태블릿을 들려주고 식사하는 광경을 흔히 볼 수 있다. 영국인 남편은 이런 풍경이 매우 의아하다고 했다. 나도 영국에서는 아직 이런 모습을 본 적이 없다. 한국 부모들은 식당에서 울거나 뛰거나 하는 등 종잡을 수 없는 아이를 전자기기 앞에 붙들어놓고 수월하게 식사 시간을 갖고자 이런 행동을 한다. 영국 아이라고 분별없음이 다르지는 않을 텐데 왜 영국 부모들은 같은 방법을 쓰지 않을까?

미국소아과학회는 아이에게 18개월 이전까지는 영상을 보여주지 않기를 권한다. 또 18~24개월에는 가족이나 친구와의 영상 통화를 제외하고는 화면을 보여주지 않기를 권고한다. 2~5세까지는 하루에 최대 1시간으로 스크린 타임을 제한한다. 여기서 스크린 타임이란 텔레비전, 컴퓨터 등 모든 전자기기 화면 시청 시간을 의미한다. 또한 보여주더라도 엄선된 양질의 콘텐츠를 보여주어야 한다. 가장 중요한 점은 유아기에 영상을 시청할 때 엄마나 아빠, 양육자와 함께해야 한다는 것이다. 물론 권고 사항이기 때문에 아이들 각각의 발달 정도에 따른 개인차가 있다. 부모는 영상 시청이 아이들의 신체 활동이나 놀이, 수면, 사회적인 교류 등에 악영향을 미치지 않는지 항상 살펴야 한다.

뇌가 한창 성장하는 시기에 디지털 매체를 과하게 오래 접하면 두뇌 발달과 인격 형성에 좋지 않은 영향을 미친다. 보통 뇌는 매체를 시청할 때 후두엽만 활성화되어 화려한 콘텐츠를 받아들이는 활동에만 치중하기 때문이다. 그러다 보면 뇌 전체를 관장하는 전두엽의 성장이 둔화되기 쉽다. 전두엽은 충돌 조절, 정서 통제, 계획, 의사결정 등에 관여하는데, 이 부분에 문제가 생기면 점차 집중력과 주의력이 저하된다.

아이가 건강하게 영상을 시청하게 할 수는 없을까? 부모는 아이에게 좋은 본보기가 될 수 있다. 집 안에서 영상을 전혀 시청하지 않는 시간이나 공간을 정해둬도 좋다. 우리 집의 경우 모두 현관을 들어오면서 신발장 위에 핸드폰을 올려 둔다. 아이와의 대화에 치중하기 위해서다. 물론 퇴근 후 아이와 함께 시간을 보내는 일은 체력적으로 쉽지 않다.

하지만 아이에게는 부모와 얼굴을 마주 보고 이야기할 수 있는 시간이 꼭 필요하다. 아이와 하루를 공유하는 시간이 길어질수록 디지털 매체로 인해 벌어진 소통의 간극을 좁힐 수 있을 것이다. 보통 10세 이하 아이들은 말이 많다. 아이들은 유치원에서 일어난 일, 학교에서 일어난 일을 엄마 아빠에게 조잘조잘 모두 이야기하고 싶어 한다. 이런 시간을 부모가 잘 도모할 수 있다면, 자연스럽게 아이가 텔레비전이나 게임에 몰입하는 시간도 줄어들게 될 것이다.

그런데 아이와 부모가 영상이나 게임을 함께 즐기는 시간도 필요하다. 많은 한국 부모가 게임을 학습의 적이라고 생각하는 것 같다. 지피지기면 백전불태라고, 만약 게임이 적이라면 게임을 알아야 한다. 우리 작은아이와 친구들은 요즘 로블록스와 마인크래프트를 즐긴다. 아이에게 이 게임에 대해서 물으면 너무나 즐겁게 가상 세계에서의 경험을 쏟아낸다.

우리 부부는 아이들과 텔레비전 보는 시간 자체를 주제로 대화한다. 텔레비전을 보면 좋은 점은 무엇이고 나쁜 점은 무엇인지 말이다. 시간을 내어 모두 같이 텔레비전 보는 시간을 갖는다. 게임도 이처럼 즐길 수 있다. 게임하는 경험을 나눌 수도 있고 게임을 함께 해볼 수도 있다. 아이가 보는 영상, 하는 게임이 무엇인지 잘 모른 채 무작정 하지 말라고 나무라면 아이와의 관계만 더 나빠진다. 아이의 관심사에 귀 기울이자. 게임이 아이와 부모 사이에 소통의 장을 열어 줄 수도 있다. 그렇게 아이가 부모와 서로 통한다고 느낄 때 아이도 디지털 매체 사용에 대한 부모의 지도를 받아들일 준비가 된다.

미래 감각 UP!

* 아이의 관심사에 대한 장기 프로젝트를 시도해보세요. 우리 큰아이가 한 달 동안 아마존 모형을 만든 것처럼요.

* 평균과 등수에 집착하지 마세요. AI 시대가 요구하는 건 평균이 아니라 한 분야에 대한 통찰력이에요. 아이의 부족함보다 아이가 잘하고 좋아하는 능력에 집중해주세요.

* 책은 한 권도 좋으니 양보다는 질을 따지세요. 만화책도 좋아요. 독서 후에는 아이와 생각하고 이야기할 시간을 가져보세요.

* 보여주고 말하기 놀이를 해보세요. 아이가 좋아하는 장난감이나 책을 직접 소개하는 시간을 만들어보세요. 관심을 가지고 질문을 듬뿍 해주세요. 아이들은 신이 나서 열심히 설명할 거예요.

* 아이와 박물관이나 미술관에 스케치북을 가지고 가세요. 흥미로운 미술 작품, 멋진 유물 등 관심이 가는 작품을 마음껏 관찰하면서 자유롭게 스케치북에 그리게 해주세요. 부모와 함께하면 더 좋아요.

* 유아기의 최대 권장 스크린 타임은 20분 정도예요. 영상 시청은 하루 20분을 넘기지 않도록 하세요.

* 때때로 같이 게임을 해주세요. 그리고 게임에 대해 대화하고 공감

해주세요.

* 식사 시간에는 반드시 스마트폰을 치워주세요. 밥을 먹는 동안 아이와 눈을 마주치고 밥맛이 어떤지, 어떤 하루를 보냈는지 이야기를 나누세요.

4장

소통 감각

: 사교하며 공부하게 하라

애프터눈 티는 다른 국가 사람들이라면 한참 일과를 치르고 있을 3시 즈음에 열린다. 주전자에 물을 끓이고 그릇에 주전부리를 모으면 테이블에 하나둘 사람이 모인다. 일의 효율이 떨어진다고 생각할 수도 있지만, 애프터눈 티의 핵심은 소통에 있다. 서로의 안부를 묻고 유대를 쌓으며 우정, 동료애, 가족애를 확인한다. 영국인들이 오후에 상쾌한 마음으로 제2의 하루를 여는 비결이다.

아이들은 서툴다. 아직 배운 것이 적으니 서툴 수밖에 없다. 나는 중학교 2학년 때 방정식을 공부하면서 수학이 재밌는 동시에 너무 어렵다고 생각했다. 그런데 그땐 참 어렵던 방정식이 고등학교 1학년이 되니 아무것도 아니라는 것을 깨달았다. 우리 모두는 이런 경험을 반복하며 성장한다.

영국의 부모는 아이가 서툴고 느린 것에 대체로 관대하다. 아이를 덜 재촉한다. 그리고 '나는 너만 했을 때' 같은 비교를 거의 하지 않는다. 영국에는 자신과 아이를 비교하는 문화가 없다. 아이는 아이고, 부모는 부모다. '다 너를 위한 것'이라는 무모한 말도 하지 않는다. 이 말은 문제가 많은 말이다. 아이에게 경쟁을 강요하려는 부모의 의도가 아이를 위한 것으로 탈바꿈하기 때문이다. 영국에서는 한국 드라마 'SKY 캐슬'이 보여주는 부모와 아이 교육 환경이 실제인지가 논란이었다. '더 글로리'에 대해서도 비슷한 반응이었다. 모두다 아이를 위하는 양하면서 아이를 억압하는 한국 드라마 속 부모가 드라마에만 존재한다고 말하기는 어려울 것 같다.

"나는 떡을 썰 테니 너는 글을 쓰거라." 조선 시대의 명필 한석봉과 어머니의 일화는 유명하다. 한석봉의 어머니는 가난 속에서 자기는 끼니를 거르더라도 아들의 글씨 공부에는 지장이 없도록 종이와 먹을 모자라지 않게 사주었다고 한다. 맹모삼천지교를 위해서 이사를 마다하지 않는 어머니의 열성도 이와 유사한 사례다. 그런데 땅 팔고 소 팔아서 서울 기던 일이 옛날 일만은 아니다. 요즘에는 엄마 아빠가 초과수당까지 받아가며 아이를 학원 하나라도 더 보내려 한다. 한석봉 이야기, 맹모삼천지교, 부모의 희생… 우리 사회는 이런 이야기를 귀에 딱지가 생기도록 재생산한다. 한국은 알게 모르게 부모가, 특히 엄마가 아이 교육을 위해 희생해야 한다는 메시지를 강요하고 있는 게 아닐까? 영국의 이야기책에는 엄마와 아이의 사랑에 대한 이야기가 많이 등장하지만, 엄마의 희생에 대한 이야기는 전무하다. 영국의 학교에서 한국의 대치동, 목동 엄마와 같은 극성 부모를 본 적도 없다. 엄마가 자기 삶을 희생양 삼아 아이를 통제하면 아이 역시도 자기 삶에서 설 곳을 잃는다.

옥스퍼드대학교에서 입학 사정관을 하며 학기마다 오픈 데이(대학교 입시설명회) 토크를 했다. 재미있는 것은, 대부분 학생이 혼자 오픈 데이에 온다는 것이다. 한국의 모습은 어떨까? 대학교 입시설명회는 학부모들로 인산인해를 이룬다. 아이를 위해 학부모들은 입시 전문가가 되고, 아이는 부모에게 끌려다니듯 입시를 치른다. 심지어 자녀가 대학생이 된 후에도 대학교 강의에 대해 의논하고 수강 신청에 관여하는 부모도 있다. 이런 아이가 자기 삶을 온전히 책임지는 자립심을 기를 수 있을까? '아이를 위해' 부모가 모든 것을 다 해주려는 것은 결코 아이를 위한 것이 아니다.

어린 나이부터 과도하게 '스펙'에 집착하는 문화도 문제다. 나도 나이가 들어서 보니, 능력이 뛰어난 사람보다 겸손한 사람의 가치가 더 높게 느껴진다. 그들은 타인과 조화롭게 살아갈 줄 알기 때문이다. 유년기부터 성품이 아닌 능력을 강조하는 한국 사회는 아이들이 요란한 빈 수레 같은 삶을 살게 한다. 내가 옥스퍼드에서 만난 사람들 중에는 지그문트 프로이트가 증조할아버지인 학생, 레프 톨스토이의 증손녀, 노벨 생리학상을 수상하신 버나드 카츠 박사님 아들 조나단 카츠 박사님, 프랑스 구조주의의 선구자이자 현대 언어학의 아버지 페르디낭 소쉬르의 증손자 등이 있었다. 내가 만난 이 사람들은 모두 삶에 자신감이 있었지만, 자만심이나 교만함은 없는 사람들이었다.

나는 옥스퍼드대학교에서 졸업식도 주관하는데, 전통을 중시하는 학풍에 따라 아직도 졸업식은 라틴어로 진행된다. 그래서 나도 라틴어를 쓸 수 있어야 했다. 대학교 때 라틴어를 배웠지만 거의 잊어버린 내게 라틴어를 가르친 분은 조나단 카츠 박사님이었다. 너무나 친절하게 가르쳐주셨을 뿐 아니라, 나를 소개할 때마다 자신이 가르친 학생 중에 최고였다고, 기분 좋은 거짓말도 해주셨다. 그는 옥스퍼드대학교의 모든 공식 라틴어 행사를 담당하면서, 세계적으로 유명한 피아니스트이기도 하다. 아마 우리 식으로 말한다면 '감히 범접하기 어려운 스펙의 소유자'일 것이다. 하지만 박사님은 우리 작은아이와 장난치며 놀 정도로 유쾌하고 겸손하시다.

옥스퍼드대학교에서 만난 겸손하고 유쾌한 사람들의 배경을 살펴보면 이런 성격 형성에 가풍이 중요하다는 것을 이해할 수 있었다. 조나단 카츠 박사님이나 프로이트의 증손자는 모두 유대인이기도 한데, 집안의 가풍을 살펴보니 어릴 때부터 자신이 흥미 있는 일을 자유롭게 할 수 있었고 그때마다 격려받는 분위기였다고 한다. 또 자신의 관심사를 응원한 부모, 가족의 역할도 컸다. 아이의 인격 형성은 아이의 관심사에 대한 부모의 존중에서부터 시작되는 것이다. 'Sharing is caring(나눔은 사랑이다)'이라는 말이 있듯, 가장 확실한 사랑의 표현은 '함께하는 것'이다.

대화가 없다면
학습도 없다

말을 멈추게
하지 마라

한국의 아이들은 대화할 때 어른들과 제대로 상호작용하지 못하는 경우가 많은 듯 보인다. 존댓말이 소통의 벽을 만들기도 하고, 아이들이 자신의 의견을 내기 어렵게 만드는 특유의 나이서열 문화도 있다. 아이들은 자주 "어른들이 말하는데 어디 끼어들어, 조용히 있어."라는 꾸지람을 듣고, 어른들의 대화에는 참여하지 않고 말을 조용히 듣는 것이 미덕이라고 배운다. 하지만 이렇게 아이가 계속해서 자기 말이 무시당하는 경험에 놓이면 필요한 상황에도 말을 꺼내지 않는 습관이 생길 수 있다.

부모가 아이의 모든 말에 동의해야 하는 건 아니지만, 모든 말을 들어주기는 해야 한다. 아이의 말을 한두 마디만 듣고 "안 된다."고 대답하는 소통 방식은 특히나 위험하다. 만약 안 된다고 말하고 싶더라도 우선 말을 다 듣고 나서 아이가 이해할 수 있게 천천히 이야기 해준다면 아이는 존중받는다고 느낀다. 무리해가며 아이가 원하는 것을 다 해줄 수는 없다. 상황을 잘 설명해주고, 기다림이 필요하면 기다리게 만드는 것이야말로 부모의 역할이다. 아이 마음에 상처를 남기느냐 성장의 자양분을 심느냐는 이런 태도에 달려 있다.

아이의 성장에 아이와 어른이 어울려 즐겁게 대화하는 시간은 필수적이다. 엄마 아빠가 아이들의 말에 피드백하는 것처럼 아이들도 엄마 아빠의 말에 피드백할 수 있어야 한다. 아이가 집에서 부모와 대화하는 시간을 좋아하게 되면, 집 밖에서 다른 어른들과 대화하는 일도 두려워하지 않을 수 있다. 대화하는 즐거움, 소통하는 즐거움, 교감하는 즐거움을 알게 된다. 보통 사교성이라고 말하는, 두려움 없이 사람들을 만나 이야기할 수 있는 능력은 누구에게나 유용하다. 어디를 가든 사랑받는 사람들을 본 적이 있을 것이다. 그는 자신이 관심을 가진 사람에게 자신감 있게 다가갈 수 있고, 사람들은 그런 그에게 인정과 관심을 되돌려준다. 사람들은 이런 사람 곁에 있고 싶어 한다. 함께 있고 싶은 사람이 된다는 것은 어떤 관계에서든 큰 축복이다.

아이는 어른들의 대화에 참여하고 어른들의 소통 방식을 관찰하면서 세상에 대한 시야를 확장한다. 어쩌면 값진 간접 경험을 할 수도 있다. 아이에게 나이의 벽을 허물어줄 수 있다면 아이의 세계는 부모가 생각하는 것 이상으로 넓어질 것이다. 나의 한 제자는 중학생 때 친하게 지내던 학원 선생님과 인생에 대해 이야기하기를 즐겼다고 한다. 선생님이 학원을 확장하면서 힘들었던 점, 학원을 통해 이루고자 하는 목표에 대해 대화했다. 그는 선생님의 꿈과 고민들을 깊게 들여다보는 시간을 통해 생각해보지 않았던 삶의 영역을 떠올리고 자기 미래를 그려보게 되었다고 한다.

꼰대라는 말로 대변되는 세대 갈등은 소통 부재에서 나온다. 한국 아이들에게 어른은 나이 많은 사람, 가까워질 수 없는 사람이라는 인식이 어릴 때부터 박혀 있다. 회사에서 하루를 함께 보내는 동료들은 대부분이 자신보다 나이가 많은 사람들인데, 많은 젊은 사람들이 나이대가 다른 사람과 소통하는 방법을 잘 모른다. 젊은이들을 대하는 어른들도 마찬가지다.

얼마 전에 이탈리아를 여행하는데 저녁을 먹으러 들어간 식당에 주인 아들로 보이는 6~7세 아이가 들어왔다. 아이는 계산대 위에 걸터앉아 간식을 먹으면서 주위에 서서 술을 마시는 할아버지들과 웃고 떠들기 시작했다. 익숙한 듯 스스럼없이 대화하고 있는 모습이 아름다워 보였다. 영국에서도 주말 낮에 펍에서 3대가 오손도손 모여 식사하는 모습을 쉽게 볼 수 있었다. 역시 그런 자리에서 스마트폰을 들여다보는 아이들의 모습을 보기는 힘들다. 식사 자리에서 아이들은 어른들과 끊임없이 이야기한다. 한 번은 길에서 옥스퍼드대학교 총장님을 만났다. 총장님은 자전거를 타고 미팅에 가는 길이었다. 그는 항상 스스로를 낮추려고 한다. 학생들도 권위에 큰 환상을 품지 않는다. 영국 학생들은 교수든 총장이든 총리든 앞에서 할 말은 꼭 한다.

나는 몇 년 전 언어 울렁증에 대해 연구했다. 한국 아이들의 언어 울렁증은 전 세계적으로도 가장 심각한 수준이었다. 이는 영어를 잘하는 어른, 동료, 선생님, 외국인의 권위를 의식한 결과이기도 하다. 아이들이 나이와 권위에 겁내지 않고 자신감을 가질 수 있도록 교육하는 데에는 가정에서의 부모 역할이 크다. 우리 아이들은 서로를 존중하는 마음과 예의만 갖출 수 있다면, '나이'라는 관념에서는 자유로워져야 한다.

대화하는 즐거움을 깨달은 사교적인 아이들은 효율적일 뿐 아니라 깊게 배운다. 누구에게든 배운 것들을 쉽게 표현하고, 또 거리낌 없이 궁금한 것들을 질문하기 때문이다. 반면 대화가 서툰 아이는 누군가 가르쳐준 것 이상으로 깊이 배울 기회를 자주 놓칠 것이다. 그러니 대화 능력은 공부를 위해 필수적으로 키워줘야 할 자질이다.

_____ 거절도 할 수 있는 아이가
_____ 똑똑하게 자란다

AI가 아무리 발달해도 아이는 상호작용 없이 언어를 배울 수 없다. 아니, 아이의 언어습득은 상호작용이 전부라고 해도 과언이 아니다. 아이들이 자기 의사를 잘 표현할 수 있도록 아이의 말에 경청하는 행동은 아이를 건강하고 똑똑하게 키우기 위한 기본이다. 하지만 부모가 하루 동안 아이와 충분히 대화했다고 생각하더라도 되돌아보면 "밥 먹어라.", "씻어라.", "빨리 자라."처럼 일방적으로 명령하거나 지시하는 표현이었을 수 있다. 이런 말은 소통의 언어가 아니다.

나는 어릴 때 항상 '예스'로 일관하는 모범생이었다. '노'와 같은 거절의 의사 표현 자체가 나쁘다고 느꼈다. 친구들에게 따돌림을 당하거나 어른들에게 꾸지람을 들을 것이 빤하다고 생각했다. 그러나 돌아보니 정중하게 거절하는 행동은 자기만의 영역과 정체성을 타인으로부터 지키는 삶의 기술이었다. 아이는 부모에게 존중받는 대화를 통해 거절하는 법을 배운다. 아이가 언제든 자기 생각을 명확하고 분명하게 말할 수 있게 해주자.

영국에 처음 유학 왔을 때 나는 지도 교수님을 쉽게 대하지 못했다. 지도 교수님이 너무 높아 보여서 하고 싶은 말이 있어도 속으로 삼켰다. 교수님은 이런 나의 모습을 파악하고 편하게 자기 이름을 부르라고 하셨다. 감히 지도 교수님의 이름을 불러도 되나 생각했지만, 교수님의 도움으로 나는 조금씩 두려움을 극복하고, 토론하고, 의견을 용감하게 말할 수 있는 사람이 되었다. 그런 행동이 바람직하고 좋다는 사실을 배웠다. 질문이 상대를 공격하기 위한 도구가 아니라, 함께 문제해결의 방법을 찾아가는 과정이라는 걸 깨달았다. 하지만 그런 문화가 영국인들처럼 어릴 때부터 몸에 익지는 않았던 탓에, 질문과 토론에 대한 저항감을 거두기까지 4~5년 정도가 걸렸다. 한국 부모들은 질문과 토론에 대한 아이의 저항감을 낮추기 위해서는 무엇을 할 수 있을까?

가족 간의 식사는 대화를 위한 시간이다. 특히 저녁 시간은 더 그렇다. 우리 아이들은 저녁을 먹으며 하루 동안 있었던 일을 얘기하는 데 여념이 없다. 우리 부부는 아이들의 말을 열심히 들어준다. 우리가 한 말에 대해 아이들이 '노'라고 하면 네가 뭘 아느냐 다그치지 않고 왜 그렇게 생각하는지 다시 물어본다. 그러면 아이들은 자연스럽게 머릿속에 자기 의견을 논리적으로 전달하는 길을 만드는 연습을 한다. 당연하게 부모도 아이 앞에서 끊임없이 오류를 저지르고 실수한다. 다만 아이들은 경험이 부족하여 이를 쉽게 알아차리지 못할 뿐이다. 그런 상황이 생겼을 때 아이에게 이를 감추기보다 아이들과 함께 답을 찾아보는 건 어떨까? 아이는 자신이 집안에서 존중받는 주체라는 사실을 마음으로 느끼게 될 것이다.

아이 앞에서 잘못을 저질렀을 때 부모의 후속 행동도 아이의 정서 발달에 큰 영향을 미친다. 영국 아이들이 자주 쓰는 말이 있다. "Zip it. Lock it. Put it in your pocket." 화가 나려고 하면 입을 닫아 잠그고 감정이나 말을 호주머니에 넣어버리라는 의미다. 아이에게 독이 되는 말이 입 밖으로 나올 것 같으면 이 말을 주문처럼 외우자. 그리고 혹시라도 만약 아이에게 억압적이거나 감정적인 말을 해버렸다면, 절대 그것을 얼버무리듯 넘어가지 말고 분명하게 사과하자.

유년기에 부모와의 소통 경험은 사춘기에도 큰 영향을 미친다. 중학생인 큰아이 사라는 아빠와 아주 친하다. 학교에서 친구와 있었던 일부터 내밀한 고민까지 시시콜콜한 이야기들을 아빠와 나눈다. 이런 대화는 아이의 유년부터 이어져온 것이다. 대화를 통해 부모에게 지속적으로 존중받은 아이는 사춘기가 되어서도 부모와 소통을 이어간다.

대화는 진정한 공부다. 대화하고 토론하는 습관은 하루아침에 만들어지지 않지만 오늘 저녁 식탁에서부터 낭상 시작할 수 있다. 가끔 한국 육아 예능 프로그램을 통해 한국 가정의 식사 풍경을 본다. 가족이 모두 모여 식사하는 시간이 드물다. 한국 근로 환경과 육아 환경의 특수성을 헤아려보면 이런 시간을 마련하기 어렵다는 것을 안다. 하지만 화목한 가정과 아이의 미래를 위해서라도 아이가 하루 중적어도 한 시간 정도는 부모에게 존중받으며 대화할 시간을 보낼 수 있게 만들어야 한다. 그러면 아이는 분명 스마트폰을 가지고 노는 것만큼이나 이야기하는 시간을 좋아할 것이다. 오늘부터 시간을 투자하자. 식사 메뉴가 화려하지 않아도, 음식이 레토르트라도 좋다. 아이는 신경 쓰지 않는다. 저녁을 준비하는 수고를 덜어내더라도 아이와 함께 이야기하는 환경을 만들자. 아이는 그날 먹은 반찬을 기억하진 못해도, 엄마 아빠와 나눈 소중한 대화들을 마음에 보물처럼 품고 자라날 것이다.

애플의 창업자 스티브 잡스는 순탄치 않은 유년 시절을 보냈다. 미혼모였던 친부모의 상황이 여의치 않아 태어나자마자 입양되었다. 하루는 친구에게 친부모가 자신을 원하지 않아서 버렸다는 말을 듣고 울면서 집에 뛰어 들어간 적이 있었다고 한다. 그날 양부모는 그를 매우 진지한 표정으로 바라보면서 "우리가 너를 특별히 선택한 거란다."라고 말했다. 천천히 반복해서, 단어 한마디 한마디에 힘을 줘가면서 말이다. 그 덕분에 스티브 잡스는 항상 자신이 특별한 사람이라고 생각했다.

오 헨리O. Henry의 작품 《마지막 잎새》의 주인공인 화가 지망생 존시는 폐렴으로 드러눕는다. 그는 창 건너편 벽돌담을 드리웠던 나무의 몇 안 남은 잎을 세고 있었다. 마지막 잎이 떨어지면 자신도 죽게 될 거라고 생각하면서. 이 말을 전해들은 이웃 주민 베어먼은 밤중에 몰래 벽돌담에 그림을 그린다. 비바람이 부는 밤이 지나고 존시는 창을 열면서 마지막 잎새가 떨어졌으리라 생각한다. 베어먼의 그림 덕분에 벽돌담은 잎새로 가득했다. 존시는 힘을 얻어 병을 이겨낼 수 있었다. 희망은 사람을 살릴 수 있다. 별것 아닌 말 한마디가 마음속에 불씨를 일으킬 수도, 반대로 절망 속으로 끌고 갈 수도 있다. 특히 아이는 부모의 말을 민감하게 받아들인다. 당신은 아이에게 매일 희망을 불어넣고 있는가?

내가 대학교 1학년 때 세계적인 첼리스트 요요마Yo-Yo Ma가 세종문화회관에 온 적이 있다. 나는 사인을 받으려고 줄을 섰는데 사인을 받으면서 요요마에게 "나도 앞으로 당신처럼 훌륭한 사람이 될 거예요."라고 말했다. 요요마는 나에게 어떤 사람이 되고 싶은지 되물었다. 나는 세계적인 언어학자가 되어 사람들에게 꿈을 심어주고 싶다고 답했다. 아직도 그 순간이 생생하게 기억난다. 나라는 사람의 인생은 그런 순간들이 모여 만들어진 것 같다. 모두가 꿈을 이루고 살 수는 없지만 꿈꾸는 아이의 미래는 밝다. 요요마가 내게 한 것과 같은 역할을 부모도 충분히 할 수 있다.

사실 고등학생 때부터 유학을 가고 싶었다. 공부가 정말 좋았지만 시험을 위해 공부하는 것이 너무 싫었다. 고등학교 때 홍정욱 올가니카 회장의 《7막 7장》이라는 책을 읽고 미국에 가면 시험 위주의 주입식 교육에서 벗어날 수 있으리라는 기대감에 아버지께 편지를 썼다. 필요하다면 단식 투쟁도 할 마음이었다. 하지만 1993년도에 공무원 벌이로 유학은 꿈도 꿀 수 없는 상황이었다. 하지만 아버지는 무슨 자다가 봉창 두드리는 소리냐고 나를 무안 주지 않으셨다. 대신 나를 충분히 이해하지만, 유학을 보낼 형편이 되지 않는다고 상황을 설명해주셨다. 그러고는 대학생이 되어 장학금을 받으면 유학을 갈 수 있다는 말씀을 해주셨다.

나는 대학에 들어가자마자 아버지의 지인이었던 미국인 로즈메리 씨에게 장문의 편지를 썼다. 나를 받아준다면 대신 집안일을 하겠다고, 미국에서 열심히 공부해서 반드시 훌륭한 사람이 되겠다는 편지였다. 물론 유학은 계속 좌절되었지만 여러 번의 시도 끝에 나는 한국에서 석사를 졸업하고 영국으로 유학을 갈 수 있었다. 고등학생 시절에 터무니없는 유학을 꿈꾸던 나를 야단치시지 않고, 상황이 어렵다고만 말씀하신 아버지에게 무한히 감사하다. 아버지의 한마디 말씀 덕분에 나는 낙담하지 않고 꿈에 대한 길을 계속 모색할 수 있었다.

반면 열정을 꺾었던 어른도 생각난다. 초등학교 4학년 때 피아노 선생님은 나에게 손이 작으니 피아노를 치기에는 글렀다고 말씀하셨다. 이 때문에 나는 피아노를 포기했다. 그리고 35년이 넘은 지금도 그 말은 여전히 내 마음에 남았다. 미국의 시인 헨리 롱펠로Henry Longfellow는 이런 말을 남겼다. "찢어진 외투는 금방 수선할 수 있다. 하지만 거친 말은 아이의 마음에 상처를 남긴다(A torn jacket is soon mended; but hard words bruise the heart of a child)." 아이를 비하하거나 무시하고 남들과 비교하는 말이 그렇다. 특히 세상에서 가장 소중한 존재인 부모에게 듣는 말은 날카롭고 빠른 화살처럼 마음에 깊게 꽂힌다.

얼마 전 작은아이가 나에게 편지를 써주었다. 그런데 오자가 너무 많았다. 나는 두 가지 말을 할 수 있었다. 첫 번째는 "고마워. 근데 철자가 이게 뭐야, 너무 많이 틀렸네." 두 번째는 "정말 고마워." 물론 모든 상황을 고려했을 때 후자가 바람직하다. 자신이 아이에게 기대하는 바가 많은 부모라면 아이의 잘못이 눈에 들어올 때 잘못을 지적하지 않기란 쉽지 않다. 하지만 후자와 같은 대답이 아이 내면에 쌓이고 쌓이면 부모와의 안정적인 관계, 나아가 학습하기에 안정적인 정서를 형성하게 된다.

——— 넘어질 때
——— 칭찬하라

교육에서 칭찬의 중요성은 오랫동안 강조되어 왔다. 하지만 요즘에는 과도한 칭찬을 경계하라는 얘기도 나온다. 과도한 칭찬이 아이들에게 자만심과 좋은 평가를 받아야 한다는 부담감을 느끼게 만들기 때문이다. 하지만 격려를 위한 칭찬에 대한 논의는 많지 않은 것 같다. 아이가 잘할 때는 칭찬하기가 쉽다. 이런 상황에는 부모가 아니라도 칭찬할 사람이 많다. 그러나 아이에게 정말 칭찬이 필요한 순간은 넘어지고 실수했을 때다. 격려와 위로가 필요한 순간에 부모로부터 듣는 칭찬은 평생에 영향을 미친다.

나는 내 인생에서 가장 긴장했던 날인 수능, 본고사 시험일을 잊을 수가 없다. 나에게 서울대학교 입학은 가난으로 못 다 이루신 아버지의 꿈을 대신 이뤄드린다는 중요한 의미가 있었는데 생각보다 시험을 잘 보지 못했던 것이다. 본고사는 잘 봤지만 수능 점수가 생각보다 훨씬 저조했다. 나는 아버지의 노여움과 어머니의 실망감을 각오하고 집에 돌아왔다. 그런데 아버지는 "지은아, 괜찮아."라는 말씀뿐이었다. 나는 아버지의 그 인자한 목소리를 아직도 잊을 수 없다. 아버지는 바로 그 주 주말에 속리산으로 여행을 가자고 하셨다. 내 예상을 뛰어넘은 일이었다. 아버지가 늘 바쁘셨던 탓에 우리 가족은 쉽게 가족 여행을 떠날 수 없었기 때문이다. 여행하는 동안만큼은 시험 결과로 인한 모든 고민과 걱정을 내려놓을 수 있었다.

부모는 아이가 어렵고 힘들어할 때 등을 토닥여줄 사람, 큰 실수를 나무라기보다 먼저 안아줄 수 있는 인생 선배다. 부모는 어릴 때의 실수 하나하나가 되돌아보면 별것 아니었다는 사실을 이미 알고 있다. 심지어 이미 어른인 부모도 여전히 실수를 통해 성장하고 있는 미완의 존재다. 자신의 불완전한 모습을 언제든 보듬어줄 사람이 곁에 있다는 안정감은 아이의 삶에 큰 자산이 된다.

어느 날 내가 집에서 글을 쓸 때 사용하는 컴퓨터가 작동하지 않았다. 컴퓨터 위에는 물 자국이 보였다. 나는 화가 나서 누가 그랬냐 소리를 쳤다. 큰아이와 남편은 자기가 아니라고 했다. 작은아이는 자고 있었다. 나는 화를 참을 수가 없어서 한동안 씩씩댔다. 나중에 남편에게 듣기를, 작은아이가 와서 자기가 그랬다고 울면서 말했다고 한다. 엄마한테는 혼날까 봐 말하지 못했다고 말이다. 나는 용기를 낸 아이를 안아준 뒤 컴퓨터에 대해서는 더 이상 말하지 않았다. 이미 벌어진 일의 잘잘못을 묻는 일보다 아이의 용기를 격려해주는 일이 더 중요하다고 판단했다.

부모는 자신이 어릴 때처럼, 아이도 넘어지고 실수한 순간에 사실 그 누구보다 속상해한다는 사실을 알아야 한다. 이미 불안과 두려움으로 요동치는 아이가 기댈 사람은 그 누구도 아닌 부모여야 한다. 혼날 상황에 듣게 되는 격려는 눈물이 날 정도로 고맙다. 그런 기억은 어떤 실수를 저지른 절망적인 상황에도 다시 일어날 힘과 용기를 아이에게 심어준다.

부모가
갖춰야 할
마인드셋

_____ 조급증이
_____ 불안한 아이를 만든다

한 아이는 부모로부터 같은 반의 어떤 친구를 무조건 이기라는 지시를 받았다. 친구와 똑같은 학원에 다니기까지 했다. 그 아이는 친구의 약점을 찾으려고 노력했고 조금이라도 친구를 이긴 것 같을 때는 기쁜 감정을 숨기지 못했다. 뛰어난 친구와의 경쟁에서 이기는 법을 터득한 덕분에 명문 고등학교에 진학했다. 하지만 결국 고등학교에서 심각한 번아웃 증후군에 시달리게 되었다. 아이는 점차 부모와의 소통을 거부했고, 학업을 접어두고 치료에 전념할 수밖에 없었다.

친구에 대한 아이의 경쟁심이 공부의 강력한 동기라며 바람직하게 여기는 부모가 있다. '그렇게라도 열심히 하고 잘하면 고마운 일'이라고 생각하기도 한다. 하지만 이때 아이에게 눈을 맞추고 아이의 마음을 잘 들여다봤으면 좋겠다. 아이가 월등한 결과를 내는 일에 대해 두려움, 불안감, 긴장감을 느끼고 있지는 않은지 말이다. 이런 불안감을 외면하고 아이를 대견해하며 몰아붙이는 것은 아닌지 말이다. 아이에게 유발된 번아웃 증후군은 쉽게 해소되지 않는다.

한국 사교육은 아이가 학업 경쟁에서 뒤처지지 않을까 하는 부모의 조급한 마음을 이용하기도 한다. 한 한국인 제자의 경험에 따르면 어릴 때 학원에서는 뭔가를 조금만 잘해도 부모에게 집중 학습을 시키도록 과도하게 부추겼다고 한다. 수학, 과학을 잘한다 싶으면 올림피아드를 준비하게, 영어를 잘한다 싶으면 토플 시험을 준비하도록 만들었다. 부모가 소수의 학생만을 위한 특별반에 아이를 어떻게든 보내고 싶도록 환경을 조성했다. 특별반에서는 과도한 선행 학습과 함께 높은 학업 성취도를 요구했다. 그는 그런 경험 때문에 오히려 수학이나 과학에 흥미를 잃어버리고 말았다.

이런 학원은 소수의 우등생을 위한 반에 들어가지 못한 아이가 스스로를 열등하게 인식하도록 만든다. 또 그 반에 진입한 아이들에게도 목적 지향적 경쟁의식과 우월의식을 심어준다. 아이들은 과도하게 경쟁적인 시스템에서 정신 건강을 스스로 돌보는 데 미숙하다. 그렇기 때문에 집중 교육이 아이의 재능을 살리고 미래를 그리는 데 큰 도움이 될 거라는 확신이 들더라도 아이의 학습에 대한 의사에 항상 귀 기울여야 한다. 만약 아이가 경쟁 상황을 버텨낼 준비가 되지 않은 상태라면, 조금 느리고 비효율적일지 몰라도 아이의 재능을 살려줄 수 있는 다른 방법을 모색해주는 것이 부모의 역할이다.

_____ 아이를 위해 살면
_____ 안 되는 이유

어떤 사람들은 아이의 교육을 위해서 부모의 인생을 갈아 넣어야 한다고 말한다. 말 그대로 아이를 위해서 부모의 모든 것을 희생해야 한다는 무서운 의미다. 《요즘 아이들 마음고생의 비밀》의 저자 김현수 작가는 부모님들을 대상으로 교육할 때 그들에게 삶의 이유를 물어본다고 한다. 대답은 대부분 '아이 때문'이다. 두 번째 이유까지 물어야 '나 자신을 위해'라는 답이 나온다고 한다. 하지만 그마저도 '아이 양육을 위해서 건강해야 하기 때문'이라고 한다. 부모의 인생에 아이 양육이라는 목표가 가득 차 있는 것이다.

혹시 "내가 왜 사는지 알아? 너 때문에 사는 거야."라는 말을 부모에게 들어본 적이 있을까? 이 말의 속내에는 자신이 미리 설정한 인생 목표를 아이가 성취하기 바라는 기대로 들끓는다. 부모는 아이의 영달榮達을 위한 희생에 아이가 고마움을 느끼길 바라겠지만, 아이에게는 충분히 부담이 되는 상황이다. 본인 때문에 살아가는 부모가 행복해 보이지 않는다면 그 원인은 자기 자신이 되어버린다. 목표 달성에 대한 좌절이 계속될 때 '나는 부모님을 절대 행복하게 만들 수 없겠다.'는 마음에 일찌감치 자신을 놓기도 한다. 애초에 자신한테 아무것도 바라는 게 없도록 만들기 위해 반항을 일삼기도 한다.

부모는 그런 아이에게 실망감을 넘어 배신감까지도 느낀다. 하지만 아이는 스스로 부모의 희생을 원한 적이 없기에 화가 난다. 반항하는 아이와 에너지가 고갈된 부모의 전형이다. 이런 사춘기 청소년의 행동 패턴은 하루아침에 형성되는 것이 아니다. 부모의 기대와 아이의 부담감이 누적되어 이르게 되는 결말이다.

아이를 위해 너무 많은 경제적 품을 들이지는 않는지도 생각해 보자. 한국의 사교육 비용은 연일 최고액을 기록한다. 전체 학생 수가 감소해가는 현실을 생각하면 아이 한 명당 사교육비는 더 는 셈이다. 문제는 이런 거대한 교육 지출이 밝은 미래를 보장하지 않는다는 것이다. 게다가 큰 투자를 감행한 이상 아이에게 투자 비용을 회수하고자 하는 심리가 생길 수밖에 없다.

당신은 아이에 대한 고민과 걱정 때문에 본인의 삶을 잊고 있지 않은가? 아이의 행복한 공부, 삶을 위해서는 우선 부모 자신부터 행복해야 한다. 자기 때문에 고갈되는 부모의 삶을 보면서 아이는 암묵적으로 부모를 위해 자기 삶을 고갈시켜야 할 부담감을 느낀다. 우리는 넘치지도, 모자라지도 않는 중용을 찾아야만 한다. 부부만의 시간으로 형성된 화목함은 아이에게도 안정감을 준다. 아이와 관련 없는, 부모가 좋아하는 취미를 갖는 것도 좋다. 아이는 부모가 자신과 관련 없는 시간을 행복하게 보내는 모습을 보면서 자신의 시간만큼이나 부모의 시간도 소중하다는 사실을 알게 된다.

마찬가지로, 아이와의 대화에서 아이의 말만 중요하게 여겨서는 안 된다. 자신이 말하고 나면 그다음은 부모 혹은 타인의 말을 경청할 차례라는 것을 자연스럽게 체화시켜주어야 한다. 아이의 생일만큼이나 부모의 생일도 성대하게 치러보는 건 어떨까? 엄마 생일에는 아빠와 함께, 아빠 생일에는 엄마와 함께 가족 구성원의 기념일을 챙기는 부담을 나누는 것이다. 아이는 이 과정에서 자기 생일을 가족들이 어떻게 준비해주었는지를 헤아려보게 되고 타인의 기념일도 자기 기념일처럼 소중하다는 것을 깨닫는다.

아이들이 원하는 것을 다 해주지 못해 미안해할 필요도 없다. 어린 시절 엄마가 만두를 가끔 쪄주시곤 했다. 포장지에 30개가 든 1,000원짜리 냉동 만두였는데 엄마는 우리 삼형제에게 만두를 10개씩 나눠주셨다. 우리는 9개씩 먹고, 각자 엄마를 위해 만두를 하나씩 남겼다. 엄마는 만두를 싫어한다고 하셨고, 그 3개의 만두는 개구쟁이 남동생의 몫이 되었다. 어른이 된 나는 만두만 보면 8세 때 한 입 한 입 아껴 먹던 그 만두가 생각난다. 유년의 아름답고 행복한 기억이다. 부모가 '물질적 결핍'에 접근하는 태도에 따라 아이는 이를 행복하게 기억하기도 한다.

부모는 자식의 거울이다. 아이의 감정은 부모의 감정에 많은 영향을 받는다. 부모의 찌푸린 모습, 한숨을 푹푹 내쉬는 모습을 보면서 아이가 해맑게 자라기는 어렵다. 부정적인 틀을 통해 세상을 바라보는 아이의 학습이 큰 성취를 이루기도 힘들다. 부모가 행복하게 지내면 아이도 건강한 삶을 꾸려나갈 힘을 얻는다. 그런데 이는 반대의 경우도 마찬가지다. 부모는 아이와의 시간 자체만으로 행복할 수 있어야 한다. 가족을 위해 내 삶을 희생하고 있다는 생각으로는 힘든 일이다.

_____ 훈육은
_____ 필요하다!

가정은 아이가 속하게 된 첫 공동체이자, 살아가면서 꼭 알아야 하는 규칙을 배우는 곳이다. 이 과정을 위해 때때로 훈육이 필요할 때도 있다. 특히 안전이나 위생 관념, 인간관계 등에 대해서는 꼭 훈육을 통해 가르쳐야 한다. 집이라는 울타리를 떠나 유치원, 학교 등 새로운 환경에서 적응하려면 꼭 필요한 것들이다. 가정교육을 통해서만 제대로 배울 수 있는 경우가 많다는 점에서 특수하기도 하다.

훈육할 때 중요한 것은 아이에게 전달할 내용을 분명하고 정확하게 말하는 것이다. 해야만 하는 것, 해서는 안 되는 것을 명확하게, 일관성 있게 알려줘야 한다. 타협할 수 없는 일이 있다는 사실을 드

* 상대에게 미안한 마음이 있지만 미안하다고 말하기 어려울 때 우리 가족이 쓰는 '미안해요' 카드

러내는 단호한 태도를 갖춰야 한다. 하지만 절대 아이에게 겁을 주거나 협박해서는 안 된다. 공격적인 말투, 비난하는 어조는 훈육의 효과가 크지 않다. 엄마 아빠의 무서운 표정이나 제스처, 목소리에 겁을 먹고 두려워서 정작 메시지는 기억하지 못하기 때문이다. 훈육을 통해서 이루고자 하는 바는 결국 아이가 집 안은 물론이고 밖에서도 잘 지낼 수 있도록 훈련하는 것이다. 그러니 더더욱 억압적인 훈육 때문에 아이와 부모의 관계가 망가져서는 안 된다.

어른들과 마찬가지로 아이들도 쉽게 자기 잘못을 인정하고 미안해하기 어렵다. 그럴 때 부모는 아이에게 시간을 줘야 한다. 우리 아이들이 다툴 때 우리 부부는 당장 잘잘못을 가리기보다 우선 감정을 삭일 수 있도록 각자를 다른 공간에 데리고 간다. 그리고 5분 정도 생각하게 한다. 잘못했다는 사실을 알지만 미안하다는 말을 꺼내기 어려울 때를 대비해서 '미안해요' 카드를 만들어놓는다. 작은아이는 특히 잘못을 시인하기 어려워할 때가 많아 이 카드를 애용한다.

훈육 시에는 아이와 부모 모두가 우선 감정을 가라앉혀야 한다. 훈육이 싸움이 되지 않도록 하기 위해서다. 훈육이 싸움이 되면 서로에게 의도하지 않은 날 선 말을 하게 될 수 있다. 심호흡을 몇 차례 하거나 잠깐 다른 공간에 떨어져 있는 등 감정을 누르기에 최선인 방법을 먼저 찾아보자. 아이가 통제되지 않은 상황에 감정을 가라앉히기란 참 어렵다. 그런데 잘 생각해보면, 집 밖에서 우리는 아무리 화가 나도 쉽게 그 감정을 노골적으로 드러내지는 않는다. 부모는 아이들도 그들처럼 존중받아야 할 존재임을, 심지어 그들보다 미숙한 존재라는 사실을 잊어서는 안 된다. 아이는 부모가 감정을 가라앉히는 모습을 보는 것만으로도 스스로 감정을 다스리는 법을 배운다. 훈육 전에 누그러뜨린 감정을 나누는 시간을 훈육 후에 가지는 것이 좋다. "엄마 아빠가 이런 이유로 네가 걱정되고 화가 났어."라고 말해주자. 속상해하는 아이의 마음도 다시 들여다보자.

훈육에서 매우 중요한 것은 일관성이다. 엄마와 아빠의 훈육 기준이 계속 바뀐다거나 둘 사이에서 의견이 맞지 않으면 부모의 말에 권위가 상실된다. 아이는 그런 부모의 말을 귀담아듣지 않는다. 부부간의 원활한 대화가 중요한 이유다. 언제 어떤 방식으로 훈육할지, 합의점을 찾아야 한다. 그렇지 않으면 훈육의 효과가 나타나지 않을 뿐 아니라 부부 갈등이 생길 수도 있다.

남편과 나는 아이들이 다른 사람을 배려하지 않고 자기중심적으로 행동할 때, 버릇없이 굴거나 이유 없이 고집을 부릴 때 반드시 훈육한다. 우리 남편은 평소에 친구처럼 편한 아빠지만 훈육이 필요한 상황에서는 엄격하다. 나도 그럴 땐 아빠의 권위를 세워준다. 생각하는 의자에 앉히거나 반성문을 쓰게 한다. 글을 쓰지 못할 때는 그림이라도 그리도록 해서, 아이들이 자신의 잘못된 행동을 그냥 넘어가지 않고 돌아볼 수 있게 한다. 훈육이 끝나면 엄마 아빠와 감정을 푼다. 우리는 기독교 가정이기 때문에 그러고는 함께 기도한다.

여기서 중요한 점은, 부모도 뭔가를 잘못했을 때 아이들에게 먼저 미안하다고 말해야 한다는 것이다. 이런 관계는 아이와의 신뢰 형성에 매우 중요하다. 부모가 본인의 잘못을 인정하는 모습을 아이에게 보이면 아이도 자기가 잘못했을 때 인정해야 한다는 사실을 자연스럽게 받아들인다. 그러면 아이는 억울한 마음 없이 훈육을 더 잘 받아들일 수 있다.

2015년 tvN에서 방영된 강연 프로그램 '어쩌다 어른'에서 송길영 바이브컴퍼니 부사장이 '아빠'라는 단어에 대한 빅데이터 분석 결과를 공유한 적이 있다. 놀랍게도 '아빠'와 관련된 단어로는 소파나 거실이 등장한다. 그리고 가족 구성원들의 생활에서 아빠의 존재감을 찾기 어렵다는 것을 알 수 있다. 아빠가 아이에게 가장 많이 듣는 말로는 "아빠, 엄마 어디 있어?"가 꼽혔다. 아이들은 사소한 것부터 중요한 것까지 엄마와만 대화하고 결정한다. 아빠는 거실 소파에서 텔레비전을 보다가 잠드는 사람처럼 여겨진다.

그렇기에 아이 교육도 엄마 주도로 돌아간다. 한국에서 아이의 성공적인 교육을 위해 필요한 세 가지 중 하나로 '아빠의 무관심'이 꼽히는 것은 씁쓸하다(다른 두 가지는 할아버지의 재력과 엄마의 정보력이다). 아이의 교육에 관심이 없는 아빠가 좋은 아빠라는 의미다. 이런 생각이 단적으로 드러났던 것이 한때 유행했고, 지금도 간혹 찾아볼 수 있는 '기러기 아빠' 현상이다. 자녀의 조기 유학을 위해 가족과 헤어진 채 한국에서 홀로 일하며 뒷바라지를 하는 기러기 아빠는 전 세계적으로도 유례가 없다. 이에 대한 연구도 상당하다. 아이 교육에 집착하는 엄마, 집에서 겉도는 아빠, 그 둘 사이의 불화는 한국 드라마의 단골 소재이기도 하다.

교육에 대한 아빠의 무관심이 전통에서 비롯된 것도 아니다. 조선 후기 여성 실학자인 사주당 이씨가 태교에 대해 쓴 책《태교신기》의 첫머리에는 "스승 가르침 10년이 어머니 10개월 교육만 못하고, 어머니 10개월 교육이 아버지가 잉태일 하루를 조심하는 것만 못하다."라고 쓰여 있다. 태교 때부터 아버지도 바른 마음가짐을 가지고 행동을 절제해야 한다고 강조한다.

아빠가 아이의 성장에 미치는 긍정적인 영향에 대해서는 이미 연구 결과로도 많이 나와 있다. 아빠의 육아 참여는 아이의 사고력과 두뇌 발달 능력에 도움을 준다. 또한 아빠와 형성한 정서적 안정감은 아이가 새로운 환경을 탐색할 자신감을 길러준다. 모험적인 행동을 허용하고 지지하는 아빠들의 특성이 아이의 신체 발달에 좋은 영향을 주기도 한다. MBC 예능 프로그램 '물 건너온 아빠들'에서는 여러 국가 출신의 아빠들이 육아하는 모습을 볼 수 있다. 그들은 대부분이 엄마보다 역동적으로 아이와 놀아줄 수 있다.

우리 집의 경우 훈육은 항상 남편 담당이다. 남편이 나에 비해 감정을 배제하고 말하기를 더 잘하기 때문이다. 교수인 우리 부부는 둘 다 정말 눈코 뜰 새 없이 바쁘다. 그렇지만 남편은 세상이 무너져도 토요일 아침만큼은 아이들에게 최고의 아침을 해준다. 아이들과 놀아줄 때는 아이들 눈높이에 맞춰 화끈하게 놀아준다. 물총 싸움을 해도 집이 흔들리듯 우당탕탕 논다. 또 아이들이 아무리 어려운 것을 부탁해도 단번에 안 된다고 하지는 않는다.

SBS 예능 프로그램 '집사부일체'에서 방송인 유세윤이 일기 쓰기를 싫어하는 아들과 함께 쓰는 노트를 공개한 적이 있다. 노트에는 아빠와 아들이 서로 하고 싶은 말들을 남겼다. 형식과 내용에는 아무런 제한이 없다. 자기가 생각하는 가장 웃긴 단어 쓰기, 엄마와 관련된 단어에 동그라미 치기, 미세먼지로 사행시 짓기 등 주변의 모든 것이 소재가 됐다. 아직 글씨를 쓰지 못하는 아이라면 그림으로 대신할 수도 있다. 시간이 없고 바쁜 아빠라면 이렇게 공동의 노트로 소통하는 것도 하나의 방법이다.

영국에서는 평일 저녁이나 주말에 가족들과 함께 보내는 시간을 당연하게 생각한다. 물론 아빠에게도 쉴 시간이 필요하다. 주말을 모두 아이에게 할애할 수는 없다. 시간은 양보다는 질이 중요하다. 짧은 시간이라도 아이와 집중도 있게 상호작용해야 한다. 말로든 몸으로든 실제로 같은 시공간에서 소통해야 한다. 특별한 활동을 할 필요도 없다. 집에서 간단한 보드게임을 할 수도, 집 앞 놀이터에서 놀수도 있다. 자기 전에 5분 동안 짧게 나누는 대화라도 온전히 아이에게 집중한다면 아이는 아빠가 자신의 삶과 연결되어 있다고 느낄 것이다.

우리 부부는 출장에 종종 아이를 데리고 간다. 아이와 이동하는 동안만이라도 밀도 높은 시간을 보내기 위해서다. 올해 나는 코펜하겐대학교에 초대받아서 갈 예정인데, 이번에는 모처럼 내가 두 아이를 다 데리고 가서 아빠 없이 셋만의 시간을 보내기로 했다. 우리 남편도 나와 똑같이 출장에 아이를 데리고 간다. 아이들은 부모 모두와의 시간을 통해 행복을 만들어간다.

_____ 학원이 아이를
_____ 망치는 경우

한국의 초등학생들은 학교가 끝난 후 적어도 한두 개의 학원에 다닌다. 언젠가 한국에 갔을 때 편의점에서 인스턴트 음식으로 끼니를 해결하는 초등학생을 보았다. 아이들은 그것조차도 학원에 늦을까 봐 여유롭게 먹지 못하고 있었다. 이제 막 초등학교 1, 2학년이 된 아이들이 시간에 쫓겨 편의점 컵라면을 급하게 먹거나 편의점에도 못 가고 학원 차를 기다리는 동안 과자를 허겁지겁 먹는 풍경을 볼 수 있는 곳이 한국 말고 또 있을까 싶다.

보통 초등학교 고학년이 되면 저녁 6시 이후에, 중고등학생이 되면 밤 10시에 귀가한다. 10대 청소년이 이렇게 밤 늦게 귀가하는 상황은 극도로 비정상적이다. 집에 돌아가서는 학교와 학원 숙제를 해

아 하니 아이들이 방과 후에 "할 일이 너무 많다.", "하고 싶은 것을 못 한다.", "피곤하다."고 하는 것도 당연하다. 한국의 유명 영어 학원에서 초등학생을 가르친 경험이 있는 영국인 친구는 아이들이 수업 중에 태블릿 같은 전자기기로 책상을 내리치면서 스트레스를 분출하는 모습을 보고 너무 당황했다고 말했다.

방과 후에 국어, 영어, 수학과 같은 입시 학원을 보내는 국가는 세계적으로도 매우 드물다. 우리의 교육 현실이 이를 부추기고 있기도 하다. 모든 아이들이 선행 학습을 하고, 또 이 아이들과 경쟁해야 하니 자연스럽게 또 학원의 문을 두드리게 된다. 또 대부분 학원에서 난도가 매우 높은 '레벨 테스트'를 만들어 아이가 낮은 점수를 받았을 때, 아이들을 뒤처지게 만들었다는 부모의 죄책감, 불안감을 자극하고 사교육에 대한 의존도를 더 높이고 있다. 레벨 테스트에 통과하기 위해 더 어린 나이부터 공부해야 하는 악순환에 빠진다.

어른이 아이의 학원 스트레스를 모르지 않는다. 오히려 너무나 잘 알고 있다. 아이들의 학업 스트레스를 다룬 책도 기사도 드라마도 넘쳐난다. 작년에 EBS 육아 프로그램에서 10세 정도 되는 아이는 학원과 시험의 굴레에 지쳐서 엄마에게 지구가 멸망해버렸으면 좋겠다는 말까지 했다.

맞벌이 부모가 많은 한국에서 아이 교육을 위해서는 학원이라는 선택지가 필수일 수도 있다. 이때는 아이의 관심사를 고려하여 아이가 정말 원하는 학원을 한두 개 보내는 것이 좋다. 학원에서 친구들을 만나 놀 수 있는 시간도 된다. 그렇지만, 아이의 방과 후 시간을 학원에 맡기는 김에 학업까지 챙기겠다는 안일한 생각은 아이를 소외시킨다. 아이와 함께 진지하게 토론하면서 아이가 원하는 것, 하고 싶은 것을 중심으로 학원 계획을 짜보면 어떨까? 이제 열 가지를 할 줄 아는 사람보다, 한두 가지에 대한 열정을 가지고 즐겁게 할 수 있는 사람이 성공하는 시대다.

작은아이는 토요일 아침 8시에 피아노 레슨을 받는다. 피아노 선생님의 일정이 바쁘다 보니 가능한 시간이 그때밖에 없다. 평일 내내 학교에 가는 아이가 힘들어할 법도 한데 토요일 아침 레슨을 매주 기다린다. 수업은 일주일에 단 한 번, 30분 남짓이다. 영국의 사교육은 대부분 이런 식으로 진행된다. 일주일에 한 번, 짧게 수업을 듣고 나머지 시간은 아이가 스스로 복습, 연습하는 시간이다. 학원이 2, 아이가 8의 역할을 한다. 모두가 다 피아니스트가 되거나 노벨상을 받으려는 것이 아니기 때문에 무리할 필요가 없다. 한국의 사교육은 정반대인 것 같다. 아이가 2, 학원이 8의 역할을 하고 있다. 아이의 공부가 학원에 끌려가는 형국이다. 아이에게 자발적인 학습 효과를 기대할 수는 없다. 학원은 그냥 엄마 아빠가 가라고 해서, 친구들이 가니까 관성적으로 가는 곳이 된다. 학습의 효과가 떨어진다.

학원을 보내려 할 때 부모가 통보하는 식이 아니라, 우선 아이들의 속마음을 들어줄 필요가 있을 것 같다. 그렇게 학원에 보내더라도 학원에 모든 교육의 역할을 전임하면 위험하다. 아이들이 학원에서 보고 배운 것에 대해 2~3분이라도 아이에게 묻고 소통해보길 권한다. 소통이라고 하지만, 결국 아이들의 말을 들어주라는 것이다. 그러면 아이의 학업 의욕은 조금이라도 상승할 것이다. 아이들은 엄마 아빠의 이런 작은 관심에 큰 응원을 받는다.

혼자만의
시간이
가진 힘

건강한 관심, 건강한 무관심

아이들은 양육되는 존재지만 스스로 크는 존재이기도 하다. 양육한다는 말은 그 자체로 부모의 역할을 더 강조한 말 같다. 부모의 역할이 아이 성장에 중요하다는 사실은 부정할 수 없으나 아이들도 나름대로 자신의 재능을 발견하고 자기만의 인생을 개척해나간다. 누구나 직접 쌓은 것에 대해 더 각별한 애정을 품게 된다. 물 흐르는 것처럼 자연스럽게, 아이들에게는 자신만의 인생을 발견해갈 시간이 필요하다. 그리고 부모에게는 그 시간을 기다려주는 인내심, 혹은 방관이 필요하다. 아이를 내팽개치거나 방치하라는 것이 아니다. 부모와 함께 보내는 시간이 짧더라도 시간 자체의 질이 좋다면 아이는 혼자만의 시간도 잘 헤쳐나갈 수 있다는 것이다.

아이들이 어릴 때 나는 런던에서 옥스퍼드로 매일 출퇴근을 해야 했기 때문에 아이들에게 시간을 많이 낼 수 없었다. 대신 아침 한 끼, 함께 할 수 있는 그 시간을 최대한 활용하려고 했다. 출근하기 전 아침 시간에는 무조건 모두가 식탁에 둘러앉아 식사했다. 대화 주제는 전날 있었던 일이나 그날 할 일 등이었다. 그 시간에는 아이들이 하는 이야기에 온전히 관심을 쏟았다. 아이들이 평소에 무엇을 배우고 어떤 생각을 하는지, 어떻게 성장하고 있는지를 알 수 있는 소중한 시간이었다. 출근한 뒤에 나는 학교 일과 연구에 온전히 몰입했다. 남편도 마찬가지였다. 일과 시간에는 아이들에게 무관심할 수밖에 없었다. 하지만 역설적으로 아이들은 엄마와 아빠의 시선으로부터 자유로워질 수 있었다. 아이들에게 향하는 자원이나 관심이 줄어들 때 그 자리에 주도성이 자리 잡을 수 있게 된다. 남편은 이를 두고 'benign neglect'라는 말을 자주 한다. '좋은 의미의 방임, 외면'을 말한다. 이것은 오히려 부모와 아이 모두에게 숨 쉴 구멍이 된다. 일과 후에 편안한 분위기에서 만나면 서로에 대한 호기심과 집중도가 자연스럽게 생겨날 수밖에 없다.

미숙한 어린아이를 보고 있자면 어른으로서 어쩔 수 없이 답답한 마음, 도와주고 싶은 마음이 생긴다. 실제로 도와주지 않더라도 아이는 그런 부모의 마음을 부모의 눈빛, 표정, 말투에서 느낀다. 그러면 아이는 부모에게 기대게 되고 의존적인 아이를 보는 부모의 걱정은 더 커진다. 의존과 걱정이라는 끊기 어려운 고리가 생겨나는 것이다. 그런 상황에서 아이가 뭐든 혼자서 씩씩하게 잘 해낼 것을 기대하기는 어렵다.

부모의 과도한 애정과 관심은 아이를 옭아매는 족쇄다. 이는 친구 관계, 연인 관계 등 어떠한 관계에든 해당한다. 나의 관심이 상대방에게는 간섭이나 집착으로 받아들여질 수도 있다. 부모와 아이 사이에도 건강한 관심과 무관심을 살펴야 한다. 나는 무엇을 위해 아이에게 공부하기를 요구하나? 아이의 성적표를 나의 성적표로 여기지는 않는가? 아이에게 보상 심리를 투영하고 있는가? 그렇다면 그것은 아이를 향한 건강한 관심이라고 보기 힘들다. 우리에게는 아이의 행복을 바라는 진심 어린 관심이 필요하다. 다음은 생텍쥐페리의 《어린 왕자》 한 부분을 발췌한 것이다.

어른들은 대개 숫자를 좋아합니다. 어른들은 누군가가 새 친구를 사귀었다고 이야기할 때면, 가장 중요한 것에 관해서는 결코 묻지 않습니다. "그 친구의 목소리는 어떠니?" "무슨 놀이를 좋아하지?" "나비를 채집하니?" 이런 말들을 묻는 대신, 어른들은 이렇게 묻습니다. "그 애 나이가 몇이냐?" "형제는 몇 명이니?" "몸무게는 얼마나 되지?" "아버지는 돈을 잘 버니?" 어른들은 그런 것들을 알면 그 친구가 어떤 사람인지 알 수 있다고 생각하는 것입니다. 어른들에게 이렇게 말해 보세요. "창문가에 제라늄 화분이 놓여 있고, 지붕에 비둘기가 살고 있는 아름다운 분홍빛 벽돌집을 보았어요." 어른들은 절대로 그 집이 어떤 집인지 상상하지 못합니다. 어른들에게 말할 때는 "10억짜리 집을 보았어요."라고 말해야 합니다. 그러면 비로소 "야, 굉장히 좋은 집을 보았구나!"라고 감탄합니다.

이 아이는 친구의 목소리, 친구가 좋아하는 것, 그리고 아름다운 집에 대해 말하고 싶어 한다. 하지만 어른들은 그런 것에 관심이 없다. 어른들은 숫자, 돈 등에 대해 관심을 가진다. 많은 질문을 하는 어른들이 겉으로 봤을 땐 아이에게 관심이 있는 것처럼 보이지만, 아이는 그것을 관심이라 여기기 않는다. 아이를 향한 공감이 없기 때문이다.

만약 아이에게 관심을 표현하기 위해 숙제를 했는지 안 했는지, 시험을 잘 쳤는지, 어떤 친구가 무슨 학원에 다니는지, 선생님과 문제는 없었는지를 물어보고 있다면, 이것은 마치 누군가에게 회사 업무 성과가 좋은지, 다음 해 승진할 수 있는지, 동료가 자기계발을 하는지 물어보는 것과 비슷한 느낌일 것이다. 이런 질문들을 들었을 때 과연 '나에 대해 이만큼이나 많은 관심을 가지고 있구나!'라는 생각이 들까? 오히려 '내 일에 왜 간섭하지?'라는 생각이 들지 않을까? 진심이 담긴 관심은 아이를 향한 공감에서 시작된다. 아이의 공부에 대한 관심을 아이에 대한 관심이라고 생각하지 말자. 아이와의 대화가 공부로만 채워지면 위험하다.

_____ 떠나보낼 준비는
_____ 항상 하는 것이다

아이들이 조그만 손발을 꼼지락거리며 뭔가를 하고 있으면 귀엽긴 하지만 어설퍼 보인다. 아이를 둘러싼 세상이 아직 아이에게 너무 위험한 건 아닐까 걱정이 든다. 아이가 크기 전까지는 모든 걸 해주고 싶은 마음이 생긴다. 하지만 잘 살펴보면 생각보다 아이들이 어릴 때부터 스스로 할 수 있는 일들은 많다. 아이는 작은 일이라도 스스로 해낼 때 큰 책임감과 성취감을 느낀다. 성취의 완성도는 아직 중요하지 않다. 아이가 뭔가를 시도할 때 "안 돼, 하지 마, 조심해."라는 말 대신 "그래, 한번 해봐."라고 하는 게 어떨까? 아이가 스스로 새로운 것을 시도하는 모습을 긍정하고, 아이에게 자신감을 심어주자.

우리 아이는 혼자 빵 만드는 것을 좋아한다. 해본 사람들은 알겠지만, 제빵 후에는 부엌이 밀가루, 설탕 등으로 매우 지저분해진다. 나는 아이에게 뒤처리도 스스로 하도록 시킨다. 물론 아이가 아직 어리기 때문에 정리가 완벽하지 않다. 당연한 일이다. 하지만 작은 것이라도 아이가 책임감을 기를 수 있도록 하기 위한 것이기 때문에 이에 대해 뭐라고 하지 않는다. 중요한 것은 아이가 청소한 후에 내가 다시 청소하지도 않는다는 점이다. 미숙한 점을 보충해주면 아이가 깨끗하게 청소해야 한다는 책임감을 못 느끼게 되기 때문이다. 아이에게는 잘 청소하는 능력보다 자기가 하고 싶은 일을 처음부터 끝까지 할 수 있다는 자신감과 성취감, 그것을 위해 정리해야 한다는 책임감도 떠안을 수 있는 씩씩함이 필요하다.

2~3년 전에 한 온라인 커뮤니티에서 손톱을 스스로 못 깎는 성인들에 대한 글이 화제가 된 적이 있다. 생각보다 많은 사람이 스스로 손톱을 깎지 못하거나 신발 끈을 묶지 못한다고 밝혔다. 그런데 생각해보니 주변에서 비슷한 이야기를 들은 적이 있었다. 명문고에 다니는 아이였는데, 아이가 공부하는 데 방해될까 봐 자는 동안 엄마가 손톱을 깎아준다는 것이었다. 이처럼 한국에서는 "엄마가 해줄게. 너는 신경 쓰지 말고 공부만 해."와 같은 말을 흔히 들을 수 있다. 많은 부모가 아이의 목표에 방해될 것 같은 사소한 장애물을 없애주기 위해 부단히 노력한다. 아이에게 집안일을 가르치지 않는 것도 한국 부모의 특징인 것 같다. 이런 경우 성인이 된 아이는 사소한 집안일도 스스로 해내기 힘들어 진다.

나도 어릴 때 엄마가 집안일을 다 해주셔서 자취할 때가 되니 라면 끓이는 것 말고는 할 줄 아는 게 없었다. 엄마가 당연한 것들을 해주지 않으면 서운해하고 짜증을 내기도 했다. '엄마니까'라고 생각했던 시절이 길었다. 그런데 내가 엄마가 되고 보니 엄마가 당연한 일을 한 게 아니라는 사실을 알게 되었다.

우리 아이들은 나와 다르게 크고 있다. 큰아이는 아직 14세지만, 요리 몇 가지는 엄마인 나보다 잘한다. 나보다 키도 크고 힘도 세고 씩씩하다. 쓰레기도 버리고 동생도 잘 봐준다. 나는 아이들 방 청소를 웬만하면 하지 않는다. 그렇다고 방이 지저분하다고 잔소리하지도 않는다. 어차피 아이들은 집에 친구들이 놀러 올 때면 스스로 방을 청소한다. 가끔 내가 방 청소를 해주면 내게 엄청나게 고마워한다. 빨래 건조가 다 끝난 후 옷을 가져가서 개는 것도 다 본인들의 몫이다. 미리 챙겨놓지 않으면 학교 갈 준비를 할 때 교복이나 스타킹을 찾느라 허둥댈 것이다. 그런 경험을 반복해가면서 아이들은 스스로 해내는 능력을 만들어나간다. 엄마는 아이들의 비서도, 하녀도 아니다. 가족 개개인이 존중받는 주체이면서 동시에 한 가정을 구성하고 있는 일원이라는 사실을 아이들이 생활 속에서 느낄 수 있어야 한다.

우리 가족은 집에 손님들을 자주 초대하는 편이다. 나와 남편은 아이들이 반드시 손님맞이에 동참하게 한다. 아이들이 아주 어릴 때도 간단한 일을 함께 돕도록 했다. 아이들이 조금 큰 요즘은 우리가 요리를 하면 아이들은 케이크를 굽는다. 아빠가 요리하던 토요일 아침에는 가끔 아이들이 식사 준비를 할 수 있게 한다. 아이들은 식당처럼 메뉴판을 만들어 주문을 받고 바쁜 엄마에게 맛있는 한 끼 식사를 만들어준다. 그렇게 집안일에 동참하면서도 성취감을 느낀다. 부모에 대한 감사함은 덤이다.

우리 아이들이 주도적으로 하는 일이 또 하나 있다. 아이는 다들 집에서 강아지, 고양이를 키우고 싶어 한다. 우리 아이들도 그랬다. 남편이 강아지 알레르기가 있어서 강아지는 키울 수 없었는데도 아이들은 동물 친구를 원했다. 우리는 고민 끝에 금붕어를 기르기로 했다. 금붕어를 기를 때는 어항 청소도 해야 하고 밥도 잊지 않고 줘야 한다. 쉬운 일이 아니다. 우리는 금붕어를 기르는 조건으로 아이들이 직접 어항을 관리하게 했다. 아이들은 이를 통해 아주 어릴 때부터 생명에 대한 책임감을 길렀다. 얼마 전에는 우리 아이가 떡볶이를 먹고 싶어 해서 만들어준 적이 있다. 아이는 떡볶이를 먹더니 나에게 매우 고맙다고 말했다. 사실 엄마가 아이에게 떡볶이를 만들어주는 것은 일상적인 일이 아닌가! 그게 무슨 고마워할 일인가, 생각할 수도 있다. 그런데 남편과 내가 바쁠 때 아이들은 가끔 우리 저녁을 직접 요리하고는 했다. 그런 경험이 쌓이다 보니 자기가 먹고 싶은 것을 만들어주는 엄마에게 고마움을 느끼게 된 것이다.

학교에서 청소하는 시간에 몰래 다른 곳에서 공부하고 있는 아이나 학교 행사에서 어떻게든 빠지려는 아이, 그리고 이를 돕는 부모가 종종 있다. 대학교에 진학해서도 공부 외의 것은 하지 않으려고 하는 아이도 종종 본다. 아이를 대신해 대학교로, 회사로 전화를 거는 엄마들도 있다. 이런 아이가 사회에 진출한 뒤 여러 공동체에서 제대로 존중받을 수 있을지, 나이가 들어 교우, 연애, 결혼, 회사 생활 등을 원활히 해나갈지 의문이다. 아이가 속한 그룹은 점점 더 많아질 것이고 인간관계는 한층 더 복잡해질 것이다.

경제 교육도 이런 자립 교육 중에 하나다. 영국 아이들은 10세가 되면 정부로부터 '차일드 트러스트 펀드Child Trust Fund'라는 아이 기금을 받는다. 아이들이 커서 청소년이 되면 대부분 카드를 만들고 용돈을 관리하기 시작한다. 우리 남편은 어머니를 일찍 여읜 후 20대 청년 시절을 아버지와 함께 살았다. 아버지와 집안일을 분담하고 아버지에게 매달 생활비를 내면서 살았다. 영국에서는 이상한 일이 아니다. 부모의 도움을 당연하게 생각하지 않는다. 부모 자녀 사이에도 경제 관계를 분명히 한다. 나는 이것이 매정하다기보다는 건강한 삶이라고 생각한다. 나도 우리 아이들에게 용돈을 준다. 이번 방학은 특히 바빴는데, 한국 출장 기간 동안 큰아이에게 동생을 돌보는 아르바이트를 시켰다. 계약서를 쓰고 사인도 했다. 하루에 10파운드씩 100파운드를 지급하기로 했다. 사라는 동생과 함께할 프로그램을 짜고 동생의 밥도 해 먹이면서 나에게 하루 브리핑을 해줬다.

아이들은 조금씩 성장하고 언젠가 어른이 된다. 우리가 할 일은 아이가 어른이 됐을 때 자립할 수 있게 만드는 것이다. 떠나보내야 한다. 그렇지 않으면 성인이 되어서도 부모가 인생을 결정하게 된다. 아이의 자립 연습은 가정에서부터 시작된다.

나는 코로나19 팬데믹 시기에 아이와 함께 한국 책들을 같이 읽으면서 번역하는 프로젝트를 진행했다. 내가 아이에게 한국어로 책을 읽어주면 아이는 자기 생각을 얘기해주었다. 나는 그 과정에서 영국에서 자라는 아이가 한국의 과거와 미래를 바라볼 때 느끼는 많은 것을 알게 되었다. 아이에게 배운 점이 정말 많았다. 그때만이 아니다. 식탁에서 아이들과 나누는 대화에서도 매일 배운다. 부모와 아이는 함께 삶의 지혜를 나누며 성장할 수 있다.

요즘 엄마표 교육의 성공담을 찾다 보면 '나도 엄마로서 아이 교육에 더 일찍, 더 깊게 관여해야 하나' 생각이 들기 시작한다. '엄마표'라는 수식 때문에 마치 엄마라면 모두가 아이에게 선생님처럼 공부를 가르쳐야 할 것만 같은 느낌이 들기 때문이다. 아이를 좋은 대학에 보낸 엄마는 능력 있는 엄마라는 것을 암시하는 책들도 보인다. 엄마가 아이의 선생님이자 입시 전문가, 공부 감독관의 역할을 해야 할 것만 같다. 그러나 실제 선생님들은 전문적인 교육을 받고 현장에서 실무 경험을 쌓는다. 부모가 똑같이 할 수는 없다. 집 안에서 아이들은 학생이기 이전에 자녀다. 공부를 시키는 대상이 아니라 사랑을 주어야 할 대상이다. 부모는 선생보다는 아이의 든든한 믿을 구석이 되어야 한다.

아이가 초등학교에 들어가기 전까지는 부모가 집에서 간단한 교과 과정을 가르칠 수는 있다. 하지만 그것도 서로 좋은 관계를 유지할 자신이 있는 경우에만 그래야 한다. 아이를 가르치다가 싸울 거라면 차라리 교육 전문가의 도움을 받는 편이 낫다. 학교나 학원 선생님들은 아이와 감정적으로 분리되어 있기 때문이다. 배우자에게 운전을 가르칠 때 서로 감정이 상하는 경우를 생각해보면 된다. 학교나 학원 선생님이었다면 실제로 학생에게 하지 않을 말(이것도 못하냐, 저것도 모르냐, 벌써 잊어버렸냐 등)을 내 아이에게는 쉽게 해버릴지도 모른다. 가르침이 아니라 상처만 주게 될 수도 있다.

누구나 내 아이를 객관적인 시선으로 바라보기는 힘들다. 아이의 공부에는 보통 기대치가 높기 때문에, 만족하기는 어렵고 실망하기는 쉽다. 자신의 초등학생 아이와 아이의 반 친구들 여럿을 모아 과외를 한 어머니의 경험을 들은 적이 있다. 그녀는 자녀가 친구들 사이에서 월등한 모습을 보여주지 못하자 자기도 모르게 실망감이 들었다고 한다. 이렇듯 내 아이의 선생님이 되겠다는 목표는 참 이루기 힘든 일이다.

《옥스포드 영어사전》에서는 '멘토mentor'를 "다른 사람, 특히 나이가 어리고 경험이 적은 사람에게 안내자 및 조언자 역할을 하는 사람, 지원과 안내를 제공하는 사람, 경험이 풍부하고 신뢰할 수 있는 상담사 또는 친구, 후원자."라고 정의한다. 부모의 역할은 선생님보다는 멘토일 것이다. 우리는 아이들보다 인생을 먼저 살아온 선배로서, 앞으로 인생을 어떻게 살아가면 좋을지 인생의 큰 방향을 제시하는 사람이 되어야 한다. 인생의 든든한 길잡이, 조력자가 되어야 한다. 수학 문제 하나, 영어 단어 하나를 더 가르치려다 서로에게 실망하고 마음 상하는 일은 없었으면 좋겠다.

나는 아버지가 공무원이셔서 어릴 때 이사를 자주 다녔다. 그럴 때마다 새 학교에 적응하기가 힘들었다. 학교마다 진도도 다 달랐다. 아버지가 내게 공부를 직접 가르쳐주신 적은 없었다. 그렇지만 내가 새로운 학교의 진도를 따라가기 위해 책상에서 시간을 보낼 때 옆에 있어주셨다. 아이들은 공부할 때 부모가 곁에 있어주는 것만으로도 안정적으로 학습한다. 선생이 가르치는 역할에 치중하는 지도자인 반면, 멘토는 전인격적으로 멘티를 이끄는 역할에 치중하는 지도자다. 우리 아버지는 내 삶의 멘토였다고 말할 수 있다.

아이의 유년기에는 부모가 대부분 멘토의 역할을 하게 되겠지만, 이후에도 좋은 멘토는 인생의 모든 순간에 필요하다. 부모가 아이에게 좋은 영감이 될 친구, 동생, 언니, 오빠, 누나, 형들을 많이 소개해주는 것도 중요하다. 친척, 이웃 어른, 부모의 친구도 멘토가 될 수 있다. 우리 남편이 미술을 공부하게 된 데에는 고등학교 때 미술 선생님의 역할이 매우 컸다고 한다. 그분은 영화 '죽은 시인의 사회'에 나오는 존 키팅 선생님처럼 남편에게 항상 용기와 영감을 불어넣어 주셨다.

한 제자는 9세 때 만난 학교 친구와 교환 일기를 쓰며 서로의 꿈을 응원하는 사이가 되었다고 한다. 각자가 공부와 운동의 길을 걸어가며 다른 인생을 살게 되었지만, 서로가 나눴던 어린 시절의 대화가 인생의 큰 의지가 된다고 한다. 운동선수가 된 그 친구는 내 제자가 어릴 때 준 쪽지를 지갑에 넣고 다니며 대회 성적에 마음이 흔들릴 때마다 꺼내 보고 마음을 다잡는다고 한다. 이처럼 인생에 단 한 사람이라도 좋은 멘토가 있다면 그 영향력은 엄청나다.

_____ 아이와 신뢰를 형성하는
_____ 가장 확실한 방법

뇌의 신경 가소성은 우리가 경험하는 것, 우리를 둘러싼 환경에 따라 뇌가 기능이나 구조를 유연하게 바꿀 수 있게 해준다. 우리가 새로운 것을 할 때, 뇌는 새로운 신경 연결망을 만들거나 기존에 존재하던 연결을 더 강하게 만든다. 이 덕분에 우리가 새로운 환경에 적응하고 새로운 지식을 학습하는 것이다. 유년기는 물론이고 우리 삶 전반에 걸쳐 계속해서 일어나는 현상이다. 신경 가소성은 아이가 자라는 환경, 즉 양육 방식과 환경에 영향을 받는다. 연구에 따르면, 이때 아이의 뇌 발달은 학습량과 큰 관련이 없다고 한다. 그보다는 부모와의 유대감, 신뢰, 자율성 등이 훨씬 중대한 영향을 미친다.

아이들에게 촉감 언어는 소리 언어만큼이나 중요하다. 어린 시절 부모와 스킨십을 통해 애착 습관을 형성한 아이들은 그렇지 않은 아이들보다 스트레스를 잘 관리한다. 이렇게 길러진 친화력은 뇌의 발달뿐 아니라 신체 발달에도 긍정적인 영향을 준다. 그뿐만 아니라 부모와의 깊은 신뢰는 삶에 대한 긍정적인 태도, 윤리적 가치관에도 큰 영향을 미친다. 사랑받는다는 것을 느끼지 못하는 아이들, 본인이 안전한 상태라고 느끼지 않는 아이들은 새로운 도전에 소극적이다.

아이와의 신뢰를 쌓기 위해 아이의 존재 자체에 대한 존중을 보여주자. 애정이 듬뿍 담긴 말을 들려주자. 이 말에는 조건이 없어야 한다. 시험 성적이 좋아서, 책을 다 읽어서, 숙제를 잘해서 등 특정한 이유로 아이를 사랑하는 것이 아니라, 있는 그대로를 사랑한다고 느끼게 해야 한다. 어떤 방식으로 말하는지도 중요하다. 우리는 사람들에게 '영혼을 담아서' 이야기하라고 하지 않나. 그와 같이 아이에게도 진심을 담으려면 따뜻하고 애정 어린 눈빛과 말투, 목소리 등 비언어적인 요소를 동원해야 한다.

오늘 아이에게 너의 존재가 축복이고 선물이라는 말을 해주자.

쑥쑥 잘 자라줘서 고맙다는 말도 해주자. 이런 말은 생각보다 낯간지러워서 입이 잘 떨어지지 않을 수도 있다. 그러나 아이들이 새로운 시도를 할 때 용기를 내는 것처럼, 부모에게도 용기가 필요하다. 필요하다면 거울을 보면서 연습도 하자. 언제 이런 말을 해야 할지 모르겠다면 하루의 시작이나 끝에, 침대에 누워 있는 아이에게 할 수도 있다. 가끔 화이트보드나 쪽지에 아이를 위한 사랑의 메시지를 남겨놓자. 쑥스러워도 꼭 전하고 싶은 부모의 마음을 아이도 분명 느낄 것이다.

더불어 아무리 강조해도 모자라지 않은 것은 스킨십이다. 아이들과 함께 놀다가 하이파이브를 하고, 신나는 노래를 들으면서 손을 마주 잡고 춤추고, 품에 안고 책을 읽어줄 때, 우리는 따뜻한 체온을 통해 서로가 함께 있다는 안정감을 주고받는다. 애정을 담아 스킨십하고 싶다면 서로 어깨와 팔다리를 주무르며 마사지하는 것도 좋다. 가장 강력한 스킨십은 강한 포옹이다. 사랑의 한마디와 함께, 혹은 아무 말 없이 몇 초간 아이를 꼭 안아주자. 온몸으로 자신의 존재를 소중히 여기는 마음을 받는 아이는 자기 삶을 소중히 여기게 될 것이다.

부모와의 좋은 관계는 부모를 기쁘게 하고자 하는 마음과 함께 학습 동기를 추동할 수 있다. 하지만 부모와의 관계가 나쁘다면, 부모의 기뻐하는 모습은 전혀 동기가 되지 않는다. 오히려 반항심이 생겨서 부모의 요구와 반대로 행동하려고 한다. 실제로 이와 같은 이유로 일부러 아무것도 열심히 하지 않으려는 아이들을 어렵지 않게 볼 수 있다. 아이의 든든한 편이 되자는 말이 아이가 잘못해도 감싸주라는 것이 아니다. 아이가 넘어지고 실패해도 있는 그대로 지지하고 사랑하는 부모가 곁에 있기에 뭐든지 할 수 있다는 안정감, 자신감을 심어주자는 말이다.

나는 사실 그다지 행복한 중고등학교 시절을 보내지 못했다. 학교 폭력까지는 아닐지라도 아이들에게 괴롭힘을 많이 받았다. 극단적인 생각을 한 적도 한 번 있었는데, 그때 떠오른 것은 엄마의 얼굴이었다. 엄마의 얼굴을 생각하고 나니 마음을 추스를 수 있었다. 아무리 어려운 일이 있어도 아이가 언제나 파고 들어갈 수 있는 곳은 엄마의 품, 아빠의 품이다. 우리는 아이에게 매일 어떤 부모의 얼굴을 보여주고 있을까?

[지금 바로 아이와 함께]

소통 감각 UP!

* 아이의 사회성을 위해, "어른들 이야기하는데 끼어들지 마."라며 선을 긋지 마세요. 나이가 소통의 장벽이라고 생각하지 않게 해주세요.

* 아이가 의사를 분명하게 말할 수 있게 해주세요. 자기의 생각과 감정을 제대로 표현할 수 있는 환경을 만들어주세요.

* 아이와 함께 행복한 시간을 최대한 보내주세요. 아이에게 쓰는 시간이 너무 적다는 사실에 미안해하지 마세요. 절대적인 시간의 양보다 질이 중요해요. 퇴근 시간이 늦더라도 아침이나 저녁 시간에 아이와 짧게라도 소통해주세요.

* 일주일에 한 번이라도 아빠가 맛있는 요리를 해주세요. 매주 같은 요리라도 상관없어요. 아이와 식사하며 소통하세요.

* 부모에게도 숨 쉴 구멍이 필요해요. 아이 생각을 머리에서 잠시 비우고 나만의 취미를 찾아보세요. 부모의 행복감이 아이에게도 전해진다는 것을 잊지 마세요.

* 아이를 훈육할 때 감정이 잘 조절되지 않으면 잠시 시간을 가지세요. 감정에 휘둘려 아이에게 상처가 되는 말은 하지 마세요.

* 훈육할 때 아이가 울고 떼쓰는 행동을 무기로 쓰지 않게, 단호하고

일관된 태도를 보여주세요.

* 아이가 할 수 있는 집안일을 찾아주세요. 집안의 일은 가족 모두의 일이라는 것을 느끼게 해주세요. 아이가 공동체에 기여할 때, 아주 간단한 것이라도 아이는 큰 성취감과 뿌듯함을 느낄 거예요.

* 부모도 아이도 서로만의 시간과 공간이 있어야 해요. 서로 건강한 무관심의 시간을 정기적으로 가져보세요.

* 스킨십을 많이 해주세요. 안고 쓰다듬어주세요. 손을 잡아주세요. 사랑 표현에 인색하지 말아요.

5장

행복 감각

: 공부 감각의 완성은 행복이다

애프터눈 티의 삼단 스탠드에는 아래부터 차례로 짭짤한 핑거 샌드위치, 스콘, 케이크가 담겨 있다. 아래층부터, 염도가 높은 샌드위치로 오후의 출출한 배를 달래고, 적당한 경도를 가진 스콘에 잼과 크림을 발라 차와 부드럽게 즐긴 뒤, 마지막으로 케이크로 마무리하는 것이 보통의 순서다. 특히 애프터눈 티의 클라이맥스는 달콤한 케이크를 먹는 순간일 것이다. 사람들과 대화하며 환기된 기분이 입안에 가득 찬 디저트와 만나 오늘 하루를 또 살 만하게 만들어준다. 그러니 디저트가 없는 티타임을 반쪽짜리 티타임이라고 해도 할 말이 없다.

얼마 전, 10세인 작은아이에게 언제가 가장 행복하냐고 물어본 적이 있다. 딸은 가족들, 친구들과 함께 시간을 보낼 때라고 답했다. 가족들과 인형 놀이를 할 때, 함께 텔레비전을 볼 때, 블록 쌓기를 할 때, 생일 파티에서 친구들이 준 선물을 열어볼 때, 여름에 가족끼리 바닷가에 놀러 갔을 때… 이런 순간들 말이다. 지금 한번 아이에게 물어보자. 언제가 가장 행복하고 즐거운지, 최근에 어떤 것이 아이를 기쁘게 했는지 말이다. 만약 이런 순간을 떠올리기를 어려워한다면, 그건 아주 큰 문제다. 아이에게 행복한 유년의 기억을 만들어주는 것은 부모의 의무다.

유년기 교육의 핵심은 정서 교육이다. 정서 교육의 기회를 놓쳐서는 안 된다. 이것 하나만큼은 나중으로 미룰 수도, 학원에 맡길 수도 없다. 물질적 풍족감을 채우거나 대단한 여행을 갈 필요도 없다. 방법은 간단하다. 아이들을 조이기보다 풀어주고 함께 시간을 보내야 한다. 아이들이 일상과 자연의 경이를 조금이라도 더 느끼고 즐길 수 있도록 안내하는 것이다. 아이들과 놀이터에 한 번 더, 공원에 자전거를 타러 한 번 더 가는 소소한 경험이 모여 아이들의 정서를 발달시킨다. 설령 시간이 없다고 하더라도 가정과 아이의 행복한 현재와 미래를 위해서는 의지를 가지고 틈을 만들어야 한다. 그리고 이는 행복한 공부와도 연관성이 깊다.

한국에서는 모두가 학업에 관심이 많지만 정작 공부에 대해 얘기하면 고리타분하고 재미없는 얘기로 치부하는 것 같다. 영국에서 학생들은 서로 자기 관심 분야에 대한 이야기를 정말 많이 한다. 생각해보면 당연한 것 같다. 자기가 좋아하는 것에 대한 흥미로운 연구나 소식이 있으면 이야기하고 싶고, 이에 대한 사람들의 의견이 궁금하고, 교류하고 싶은 마음이 들기 때문이다. 그런데 왜 한국에서는 대학교에서조차 그런 이야기를 하면 싸늘한 눈초리를 받는 걸까?

대부분 한국인에게 공부는 좋은 기억이 아니었기 때문이다. "수학 문제 다 풀면 게임 할 수 있는 시간 줄게.", "영어 시험 잘 보면 선물 사줄게.", "고등학교 때까지만 열심히 공부하면 하고 싶은 것 마음껏 할 수 있어." 아이들이 어릴 때 경험하는 공부는 힘들고 어려운 것이고 다른 재미있는 것을 하기 위해서 참아야 하는 인고의 시간이다. 그리고 성적 상위권이 아닌 아이들에게는 패배감을 안겨준다. 그래서 공부라는 말을 듣기만 해도 숨이 턱 막힌다. 그렇기에 누군가 "나는 공부가 좋아."라고 말하면 아니꼬운 시선을 보낼 수밖에 없다.

처음 영국에서 중고등학생들을 만났을 때 자기가 좋아하는 것을 당당하게 말하는 모습이 낯설게 느껴졌다. 관심사는 언어학, 지리학, 미술 등등 구체적이면서 다양했다. 이들은 한국에서 소위 말하는 공부 잘하는 학생, 모든 과목에서 성적이 우수한 학생들이 아니다. 그냥 자기가 좋아하는 것이 있을 뿐이다. 성적이 우수하지 못한 학생들이 장래에 대해서도 무기력한 경우가 많은 한국 학교의 모습과는 다르다. 영국 아이들은 자기가 좋아하는 분야를 더 깊이 공부하기 위해 대학교에 간다. 대학교도 여러 학교를 직접 견학한 후에 결정한다. 대학을 졸업하고 전공과 다른 일을 하게 되더라도 항상 관심 분야의 책을 읽고 취미 삼아 공부하는 어른들을 보곤 한다. 부모는 아이에게 세상을 알아가는 공부가 즐거운 과정이라는 사실을 알려줄 수 있어야 한다. 물론 내가 먼저 알아야 가르칠 수 있듯 부모도 앎의 기쁨을 틈틈이 느껴보고자 노력해야 한다.

나는 일(워크)와 여가(라이프)의 균형(밸런스)를 뜻하는 '워라밸'이라는 말을 그렇게 좋아하지 않는다. 일과 삶을 갈라놓는 것 같아서다. 나는 끊임없이 공부하는 내 직업에 너무나 감사하다. 대학을 졸업한 지가 꽤 되었고, 교수 생활을 한 지도 15년이 지났지만, 나는 아직도 연구할 때 설레고 두근거린다. 사람들은 정교수가 되었는데 뭘 그렇게 열심히 일하냐고 한다. 놀면서 하라고 말이다. 그런데 나는 공부가 가장 큰 놀이다. 공부할 때 가장 즐겁고 기쁘다. 아이들도 공부를 노는 것처럼, 즐기면서 할 수 있게 해야 한다. 인생이라는 공부를 즐길 힘이 필요하다. 아직 오지 않은 미래를 위해 모든 것을 꾹 참아가며 소중한 어린 시절을 희생하듯 보내서는 안 된다. 아이와 함께 행복한 미래뿐 아니라 현재도 그려나가는 것, 엄마 아빠가 함께해야 할 가장 중요한 일이다.

아이를
공부하게
만드는 힘

2010년 듀크대학교 의과대학의 연구진은 약 500명을 대상으로 유아기부터 30대까지 추적 관찰한 연구에서 다정하고 세심한 어머니를 둔 아이의 회복력이 그렇지 않은 아이보다 더 뛰어나며, 추후 스트레스와 불안감을 덜 느끼는 성인으로 자란다는 사실을 밝혔다. 연구자들은 사랑과 유대감을 느낄 때 분비되는 호르몬인 옥시토신이 여기에 결정적으로 작용했다고 보았다. 옥시토신은 긍정적인 기분을 유발하기 때문이다. 그래서 사랑을 많이 받은 아이들은 새로운 정보에 대한 개방성이 높고 부정적인 상황을 통제하는 능력이 뛰어난 어른으로 성장하게 된다. 이들은 삶에 대한 긍정적인 태도로 인해 모든 영역에 있어 높은 성취도를 보이게 된다.

아이는 애착 관계를 통해 자존감을 형성한다. 아이와 행복한 경험을 만들기 위한 특별한 시간을 함께 계획해보자. 돈을 많이 쓰거나 거창할 필요도 없다. 아이도 부모도 마음 설레는 시간을 함께 만들어보는 것이다. 그런 시간은 노력 없이 저절로 오지 않는다. 행복도 투자를 해야 얻을 수 있다. 10세 이전의 공부는 절대 책상 공부가 아니다. 행복한 경험을 많이 간직하게 해주자. 세상에 대한 긍정적인 마인드를 심어주자.

코로나19 팬데믹으로 아이들이 학교에 못 갈 때, 우리는 동네에 있는 공유 텃밭에서 채소를 가꿨다. 사실 그 시기에 우리 가족은 어느 때보다도 소중한 추억을 많이 쌓았다. 한국 동화책을 영어로 번역한 것도 그때였다. 텃밭을 가꿀 시간이 없을 땐 나들이를 가듯 딸기 농장에 데리고 가곤 한다. 농장에서 같이 책을 읽기도 했다. 가수 CL의 아버지인 서강대학교 이기진 교수는 일본에서 생활하던 시절 두 아이의 한글 교육을 위해 동화책을 손수 만들어 아이들과 소통했다고 한다. 이를 계기로 동화책 시리즈를 출판하기도 했다. 나도 우리 아이들과 같이 이야기책을 만든 적이 있다. 아이들은 아직도 이 책을 소중하게 여긴다.

엄마와 아빠가 아이와 일대일로 시간을 보내면 서로에 대한 이해도가 높아진다. 우리 부부는 아빠와 큰아이, 엄마와 작은아이, 혹은 반대로 짝을 지어 시간을 갖는다. 예를 들어, 큰아이가 아빠와 드라이브를 다녀오는 동안 작은아이는 나와 함께 서점을 갔다가 핫초콜릿을 마신다. 남편이 출장으로 집을 비우면 딸들과 여자들만의 '밤샘 대화' 시간을 가지기도 한다. 이런 시간은 부모 각각과 특별한 애착을 형성시킨다. 같은 맥락에서, 조부모님과도 이런 시간을 보내게 하는 것이 좋다.

매일은 아니지만 유년기에 경험한 특별한 순간은 평생을 간다. 우리 부모님은 초등학교 6학년 겨울 방학 때 우리 삼남매에게 세종

문화회관 차이코프스키 연주회를 보여주셨다. 나는 그날 〈비창〉을 들으면서 새로운 세계를 경험했다. 부모님이 너무 바쁘셨기 때문에 그런 기억이 많지는 않다. 그때의 행복한 기억은 30년이 훌쩍 지난 지금도 머릿속에 생생하다.

카이스트의 한 교수님은 은퇴하실 때 이렇게 말씀하셨다. "우리는 중요한 일들을 급한 일과 급하지 않은 일로 나눌 수 있다. 사람들은 급하고 중요해 보이는 일들에 시간을 보내다가 급하지 않지만 중요한 일에 소홀해진다. 급하고 중요한 일은 마감일을 앞둔 회사 일, 과제 같은 것이 되겠고, 급하지 않지만 중요한 일은 건강, 가족, 행복 등이 있겠다." 사실 급하지 않다는 것은, 바꿔 말하면 더 꾸준한 시간을 들여 챙겨야 한다는 것을 의미하기도 한다. 지금부터라도 아이와의 '급하지 않은 일'에 꾸준한 힘을 쏟지 않는다면, 부모와 아이는 마땅히 누려야 할 행복까지도 놓쳐버릴 수 있다.

_____ 적게 가르쳐도
_____ 더 배우는 아이의 비밀

선행 학습은 한국의 독특한 교육 문화다. 영국에서 선행 학습을 하는 아이들은 본 적이 없다. 오히려 영국 학교에서 제공하는 교육의 속도는 아주 느린 편이고, 특히 초등 교육의 경우에는 더 더욱 느리다. 아이들에 대한 평가도 관대하다. 그래서일까, 영국에 사는 한국인 부모가 영국의 느린 진도를 답답하게 여기는 경우도 종종 봤다.

빠른 학습에만 집중된 아이들의 뇌는 성장기에 꼭 필요한 세상에 대한 질문들을 하지 못하게 된다. 새로운 정보를 흡수하느라 바쁘기 때문이다. 학문을 발전시키는 사람들, 사회에 변화를 가져오는 사람들은 공부하는 내용을 당연하게 받아들이지 않는 사람들이다. 항상 왜 그럴까, 의심하고 질문할 수 있는 사람이다. 내가 서울대학교 1학년 때 국문학과 조동일 교수님은 학자가 되려면 최소한 미래 50년에 대한 비전과 포부가 있어야 한다고 말씀하셨다. 이는 어떤 직업에도 적용할 수 있다. 아이들은 살아갈 앞으로의 50년을 생각해야 한다.

1991년에 노벨 생리의학상을 받은 에르빈 네어Erwin Neher 교수는 한국의 연구자들에게 독립적인 주제로 연구할 수 있어야 한다고 말했다. 스스로 생각하고 성장할 여유와 공간이 필요하다는 것이다. 한국은 PISA(OECD 국제학생평가프로그램) 같은 시험에서 꾸준히 높은 순위를 차지하고 있다. 그러나 대학 레벨에 도달했을 때, 한국 학생들의 성취도는 정체된다. 싱가포르 또한 한국과 더불어 PISA에서 높은 순위를 차지해 온 나라다. 동시에 경쟁적인 입시 분위기로 인한 부작용도 한국에 뒤지지 않는다. 초·중·고를 마칠 때마다 졸업시험이 있고, 시험에서 받는 성적이 아이들의 진로와 직결된다. 이러한 과도한 입시경쟁을 완화하기 위해 리센룽李顯龍 싱가포르 총리는 2004년에 "더 적게 가르치고, 더 많이 배우게 하라(Teach less, Learn more)."는 슬로건을 내걸었다.

그렇다면 학기 중이 아닌 방학은 어떨까? 방학은 아이들이 여유롭게 휴식을 즐겨야 하는 시간이다. 그런데 한국 아이들에게 방학은 오히려 학기보다 바쁜 시기일지도 모른다. 선행 학습 때문이다. 영국 아이들은 방학 동안 재미로 판타지 소설을 쓰는 등의 취미에 집중한다. 그 과정에서 재능을 발견하기도 한다. 학기 중에 미뤄뒀던 다양한 경험을 통해 미래 학습에 결정적으로 필요한 창의력과 상상력을 길러나간다.

한국인이 가장 존경하는 위인인 이순신 장군은 처음 병과에 합격한 나이가 32세. 늦깎이 사회생활을 시작한 것이다. 모두가 알다시피 행보는 순탄치 않았다. 38세에 파직, 39세 승진, 43세에 첫 번째 백의종군, 44세 낙향, 47세에 전라좌수영, 48세에 임진왜란 발발, 53세 정유재란 발발 및 두 번째 백의종군, 54세에 노량해전까지. 이순신 장군이 지금 시대에 살았다면 이른 나이에 존재감을 드러내지 못해 결국 능력을 발휘하지 못했을지도 모른다. 너무 느리고 답답한 사람으로 여겨졌을 것이다. 어쩌면 미래의 이순신이 될 아이들이 학교에서 소외되고 있을지 모를 일이다.

영국 수상을 지낸 윈스턴 처칠은 명문 해로스쿨을 거쳐 육군사관학교인 샌드허스트를 졸업한 수재로 알려져 있다. 그러나 10대 시절 그는 공부를 못하는 학생이었다. 해로스쿨 입학시험에서 처칠이 라틴어와 그리스어 과목에서 시험지를 사실상 백지로 제출했다는 것은 유명한 일화이다. 옛말에 소년등과일불행少年登科一不幸이라는 말이 있다. '젊은 나이로 과거 시험에 급제해서 출세하면 불행하다.'는 의미다. 이른 출세로 인한 사람들의 기대치가 오히려 스스로를 괴롭게 만들 수 있다. 아이에게는 적합한 학습의 속도가 있다. 그러니 많은 것을 빠르게 해내기를 강요하지 말자. 아이가 건강하고 행복하게 배울 수 있도록, 그 속에서 배움에 대한 의지와 즐거움을 잃지 않도록 도와주자.

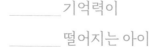

_____기억력이
_____떨어지는 아이

한국의 24시간 편의점, 배달 음식점, 피시방은 밤에도 대낮처럼 영업한다. 영국에서 생활을 영위하는 사람으로서 이것이 편리해 보이면서도, 사람들이 도대체 언제 잠을 자는 걸까 묻게 된다. 부족한 수면 시간은 어른들만의 문제가 아니다. 2016년 〈대한의학

회지〉에서 17개국 3만 명의 영유아를 대상으로 수면 시간을 조사한 결과, 한국은 하루 평균 총 수면 시간이 11시간 53분으로, 서양의 13시간 1분과 비교해 1시간 8분이 적었다. 다른 아시아 국가들 평균 수면 시간인 12시간 19분보다는 26분이 적었다. 한국 영유아는 잠자리에 드는 시간도 서양보다 늦는 것으로 나타났다. 한국 아이들은 평균 오후 10시 8분에 잠자리에 들고, 서양 아이들은 이보다 1시간 43분이 이른 8시 25분쯤 잠에 들었다. 다른 아시아 국가들은 한국보다 43분 일찍 잠들었다.

초등학교 저학년에 해당하는 어린이들도 수면이 부족한 상태로 나타났다. 미국수면재단(National Sleep Foundation)에서 권고하는 수면 시간은 학교에 가기 전 3~5세의 나이에는 10~13시간, 초등학교 저학년 때는 9~11시간이다. 하지만 2021년 연구 결과, 한국의 경우 7~8세 아동 86.1%의 수면 시간이 9시간 미만으로, 심각한 상태였다. 고학년 아이들도 마찬가지다. 보건복지부에서 실시한 2018년 아동종합실태조사에 따르면 전국 12~17세의 절반이 수면 부족을 호소했다.

수면 부족의 핵심 원인은 '공부'다. 한국의 아이들은 영유아 시기부터 학창 시절 내내 잠이 부족한 상태로 지내는 것이다. 영국 초등학생들은 7시 반만 되면 자러 간다. 중학생들도 9시쯤이면 잠든다. 고등학생들도 시험 기간을 제외하고 10시, 11시가 넘어서까지 안 자는 경우는 드물다. 밤 10시까지도 학원에 있는 한국 학생들은 상상도 하지 못하는 일이다.

우리에게는 학습한 정보가 뇌에 안정적으로 자리 잡는 과정이 필요한데, 이를 '기억 재응고화'라고 한다. 수면은 기억을 응고시켜주기 때문에 아이의 학습 능력과 기억력에 긍정적인 효과를 만든다. 그러나 충분한 수면 시간을 취하지 않으면 학습한 것을 원활하게 기억하지 못하게 된다. 수면 부족은 뇌의 민첩성에도 영향을 미쳐 상황을 통찰하는 사고력과 다양한 아이디어를 연결하는 창의력을 저하시킨다. 미국수면재단이 2015~2019년까지 노르웨이 청소년들을 대상으로 수면 부족과 학업 성취도의 상관관계를 연구한 결과 수면 시간이 기준보다 부족할 때 수학과 과학 과목 성취도가 각각 18%, 11% 감소하는 것으로 나타났다.

수면은 면역력과 정서 안정에도 중요한 요인이다. 수면을 충분히 취해야 건강한 몸과 맑은 정신으로 일과를 해낼 수 있다. 하지만 수면보다는 공부가 당연하게 권장되는 환경이다 보니 본인의 건강 상태를 제대로 파악하지 못하는 아이들이 많다. 건강 이상 신호를 무시하고 자주 참다 보면 몸은 둔감해진다. 병은 소리 없이 커진다. 사회에서도 이런 흐름이 계속된다. 과로사는 동아시아 문화권에서만 찾을 수 있는 표현이다. 다른 문화권에서는 이런 현상을 번역할 길이 없어 'gwarosa'라고 표기한다.

잠은 행복을 추구할 권리에 해당한다. 아이가 삶의 가장 기본적인 권리를 박탈당해서는 안 된다. 나의 몸과 마음의 상태를 있는 그대로 긍정할 수 있는 환경은 행복한 삶을 위해 꼭 필요하다. 그러니 부모는 아이가 공부를 위해 건강을 희생하지 않도록 적절한 잠의 균형을 지켜주어야 한다.

동심을
지켜줘야 하는 이유

폴 빌라드Paul Villard의 〈이해의 선물〉이라는 단편에는 이런 일화가 나온다. 소설 속 네 살배기 아이는 사탕 가게에서 은박지에 싼 버찌 씨로 사탕값을 대신 낸다. 가게 주인 위그든 씨는 아이에게 2센트를 거슬러 준다. 주인공은 어른이 되어 자신의 가게에서 비슷한 꼬마 손님 만나게 된다. 그 꼬마 손님은 30달러나 되는 물고기를 사며 5센트짜리 백동화 두 개와 10센트짜리 은화 하나 건넨다. 주인공은 꼬마에게 2센트를 거슬러주고 눈물을 흘린다. 그것은 위그든 씨의 사소한 배려가 지켜준 동심이 자신을 어떤 어른으로 자라게 했는지 마음으로 깨달은 자의 눈물이었을 것이다. 아이들에게는 순수한 동심이 있다. 어른들은 아이들이 가진 이 동심을 보호해줄 의무가 있다. 아이의 눈높이에서 아이들을 바라봐야 한다.

미국의 교육 개혁가 존 홀트_{John Holt}는 호기심과 창의성이 아이들이 학습과 발달에 필수적이라고 말한다. 그는 아이들에게 전통적인 주입식 교육을 강요하기보다 자연스러운 욕구를 키워 학습 습관으로 발전시켜나갈 것을 강조한다. 그는 아이들이 흥미와 열정을 따르도록 격려함으로써 배움에 대한 평생의 사랑을 키울 수 있다고 믿었다. 이런 격려는 아이들의 순수함과 상상력, 즉 동심을 긍정해줄 때 영감과 창의력으로 변환될 수 있다.

작은아이는 아침 시간에 입이 짧다. 30분이 지나도 밥이 줄지 않아서 아침마다 나와 남편은 아이에게 밥을 빨리 먹으라고 독촉했다. 어느 날 아이를 학교에 데려다주는데, 학교에 들어갔던 아이가 울면서 다시 뛰어나와 나를 안아주었다. 그러면서 나한테 미안하지만 자기는 아침에 그렇게 배가 고프지 않아서 조금만 먹어도 된다고, 아침에는 입맛이 없다고 말하는 것이다. 힘겨웠던 아침 시간에 대해서, 10세가 된 우리 아이의 속마음을 처음으로 들었던 것이다. 아이의 아침식사에 관해서 나는 줄곧 내가 옳다고 생각했다. 그런데 아이 편에서 한번 생각해 보니 정말 밥이 너무 많았을 수도 있다. 입맛이 없는 아이에게 아침밥을 먹는 게 얼마나 힘들었을지 생각했다. 10세 아이에게 어른의 시선을 너무 강요한 것은 아닌지 집에 돌아오는 내내 자문했다.

또 내가 일이 바쁘니 아이들도 나와 같이 빨리 움직이길 기대했다. 아이가 느끼기에 거인 같은 어른들의 세상에서 효율적으로 움직이기란 쉬운 일이 아닐 것이다. 계단을 오르내리는 것도, 엄마 아빠의 보폭에 맞춰 걷는 것도, 긴 연필을 잡고 글씨를 쓰는 것도, 무거운 컵으로 물을 마시는 것도, 식기를 사용하는 것도, 아이들에겐 힘들다. 아이에게 효율을 강요하지 말자. 하루에 '빨리 빨리'라는 단어를 몇 번 말했는지 세어보고 횟수를 줄여보자.

화나거나 기분이 안 좋은 상황에도 아이의 눈높이에서 다시 생각하면 추스를 수 있는 일들이 많다. 아이들이 어릴 때 시누이 집에 가는 중에 차에서 남편과 좀 다툰 적이 있다. 왜 다퉜는지는 기억이 나지 않는다. 그런데 작은아이가 고모 집에 도착하자마자 웃으면서 큰소리로 엄마 아빠가 차에서 싸웠다고 말했다. 나는 얼굴이 붉으락푸르락해졌다. 고모도 어처구니가 없었을 것이다. 내 머릿속은 아이를 혼내줄 생각으로 가득했다. 그러나 좀 있다가 아무렇지 않게 저녁을 먹었다. 곰곰이 생각해보니, 아이가 잘못한 게 아니었다. 아이는 보고 들은 것을 어른처럼 거르지 않고 말한다. 그러니 정확한 책임 소재는 아이 앞에서 다툰 나와 남편에게 있었다. 웃음이 나왔다.

아이의 동심을 지켜주는 일의 시작은 아이의 동심을 이해하는 일에서 시작한다. 아이의 행동을 어른의 기준으로만 판단한다면 아이는 매일 자기도 모르게 혼날 일을 만들 것이다. 많이 혼나는 아이의 행동은 점점 소극적으로 혹은 반항적으로 변한다. 이런 일이 생겼을 때 책임은 과연 아이에게 있을까? 아이가 부모와 통한다고 느끼고 자신의 생각을 이야기하기 시작할 때, 우리는 진정으로 아이를 위한 교육을 시작할 수 있을 것이다.

뻣뻣한 뇌를
부드럽게 만들기

_____ 멍

_____ 때려라

베네딕트 캐리Benedict Carey의 책《공부의 비밀》에서는 인간이 매일 같은 방식으로 집중하는 것은 잘못된 공부 방식이라고 강조한다. 인간은 로봇, 기계와는 거리가 멀기 때문이다. 대표적인 사례가 '유창성 착각'이다. 이는 같은 내용을 반복해서 보았을 때 아직 숙지하지 않은 내용인데도 마치 이미 다 알고 기억하는 것처럼 착각하는 현상을 말한다. 필기하거나 형광펜으로 교과서에 밑줄을 그을 때 이런 함정에 빠지기 쉬워진다. 저자는 오히려 망각이 학습에 꼭 필요한 요소라고 말한다. 망각은 여러 정보 중 중요한 것만 남겨두는 거름막 역할을 한다는 것이다. 무언가를 암기하고 나서 일정 시간이 지난 후에 새로운 사실이나 단어가 더 잘 떠오르는 것도 이 때문이다.

우리 뇌에는 '디폴트 모드 네트워크Default Mode Network, DMN'라는 것이 존재한다. 이 네트워크는 아무것도 하지 않고 깊은 휴식을 취할 때, 즉 멍때릴 때 활성화된다. 사람들은 이때 과거를 성찰하거나 미래를 전망한다. 자아의식을 발전시키면서 자신에 대해 깊이 사유하는 능력을 갖게 되는 것이다. 많은 사람들이 샤워하는 동안 새로운 아이디어가 떠오른 경험이 있을 것이다. 나도 마찬가지로 책상 앞에서는 막막했던 문제가 수영할 때, 자전거를 탈 때, 산책할 때 해결되는 경험을 자주 한다. 반대로, 시각적인 정보에 집중하거나 암기 과제를 수행할 때, 즉 우리의 관심이 외부로 향해 있는 상황에 이 네트워크는 비활성화된다. 아이들이 오랜 시간 책상 앞에 앉아서 공부에 몰두할 때도 마찬가지다.

아무것도 안 해도 되는 경험을 자주 하지 않은 아이들은 종종 이런 시간을 힘들어한다. 유튜브 시청이든 게임이든 무언가를 해야만 한다고 느낀다. 심지어 이는 쾌락적이기까지 하다. 어른들도 마찬가지다. 잠이 들기 직전까지도 스마트폰을 사용해서 무언가를 시청하면서 시간을 보낸다. 우리는 휴식처럼 느끼지만 오히려 뇌는 자극과 함께 더 많은 스트레스를 받는다. 피로한 뇌는 학습에 쉽게 능률을 발휘하지 못한다.

멍때리는 시간은 자기 내면의 소리에 귀 기울이는 시간이기도 하다. MBC 방송 '물 건너온 아빠들'에서 방송인 알베르토는 스마트폰이 없어 심심하다는 아들에게 "심심할 땐 그냥 아무것도 안 하면 돼."라고 말한다. 이어서 "심심할 때 뭐 하지? 생각하다가 결국 본인이 좋아하는 걸 찾게 되는 거야. 심심해져야 알 수 있어."라고 말한다. 이런 시간이 부족하면 아이는 자신이 좋아하는 것, 싫어하는 것이 무엇이고 자기가 진정으로 원하는 것이 무엇인지 잘 모르는 채로 성장하게 될 것이다. 그러니 아이들이 책과 스마트폰을 벗어나 자기 자신, 타인, 세상에 시선을 맞추고 지루함을 마음껏 느끼게 해주자.

_____ 올바른 자존감을
_____ 지켜주는 법

　자존감을 교만, 방종, 유아독존과 같은 이기심과 혼동하는 사람들이 많다. 하지만 자존감은 자신의 가치를 긍정하고 자신을 소중히 여기는 마음이다. 자존감을 가진 아이는 안정적으로 성숙하게 성장할 가능성이 크다. 건강한 자존감 형성에는 유년기 환경이 크게 영향을 미치는데, 가장 결정적인 역할을 하는 것은 부모의 조건 없는 사랑이다.

　조건 없는 사랑은 아이가 자기 자신이 온전히 사랑받을 수 있는 사람이라는 확신을 준다. 이런 확신을 가진 아이는 자기 생각과 의견을 당당하게 표현하기도 쉽다. 타인의 평가에 쉽게 휘둘리지 않기 때문이다. 조건 없는 사랑은 자신에 대한 신념을 갖게 만든다. 이런 아이들은 함부로 살지 않는다. 그리고 자기 자신만큼이나 타인이 독립적으로 다르다는 것, 소중하다는 것을 자연스럽게 인지하게 된다. 자기에 대한 긍정감이 타인과의 비교나 경쟁우위로 형성된 것이 아니기 때문이다.

　한국에는 줄 세우기 문화가 만연하다. 본인의 상대적인 사회적 위치를 지속적으로 확인하면서 안도감과 불안감을 동시에 느낀다. 차, 지갑, 시계, 가방 등의 계급도가 등장할 정도다. 내가 가지고 다니는 물건은 나의 자존심을 드러내는 수단이다. 이런 문화는 한국의 1인당 명품 지출액을 전 세계 최대 수준으로 끌어올렸다. 한국의 성장 환경을 돌아보면 이상한 일도 아니다. 학교에서는 성적으로 끊임없이 비교우위, 비교열위를 확인해준다. 외모에 대해서도 마찬가지이다. 표준적인 미인이나 미남의 얼굴을 기준에 둔 평가가 일상이다. 길거리에 가득한 성형외과 광고와 모델들의 모습은 사람들이 스스로 본인 외모의 단점을 찾게 만든다.

아이의 자존감을 지키는 방법은 아이에게 관심을 기울이고 진정한 사랑을 느끼게 해주는 것뿐이다. 이를 위해 먼저 부모는 아이를 쉽게 비난하지 말아야 한다. 그리고 아이들이 자신의 생각과 의견을 표현할 수 있는 자유로운 환경을 제공해야 한다. 자신의 가치를 알고 소중히 여기는 아이들은 쉽게 부정적인 영향을 받지 않는다. 이들은 자신의 능력과 가능성을 인식하고, 앞으로의 삶을 설레며 기대한다. 이러한 자신감과 안정감은 아이들의 건강한 성장에도, 학습에도 필수적이다.

_____ 아이는 부모의 말과 행동이
_____ 다른 것을 안다

가치관 교육은 다른 어떤 교육보다도 중요하다. 부모는 정 직함, 배려, 성실함 등 삶의 행동 원칙이 될 태도를 가르쳐야 한다. 아이에게 인생의 어떤 가치를 강조하고 싶은가? 답을 위해서는 우선 부모가 삶에서 중시하는 가치가 무엇인지 시간을 두고 돌아봐야 한 다. 아이 교육이 부모 교육이기도 하다는 말은 이런 데서 나온다. 어 떻게 살아야 하는지 말할 때 그 말은 아이뿐 아니라 부모 자신을 향 해 있는 것이기도 하다. 우리 부부는 아이들에게 감사함을 중요하게 가르친다. 영국은 집에 초대를 받거나 생일 선물, 크리스마스 선물을 받으면 반드시 감사 카드를 쓰는 문화가 있다. 그러면서 선물의 진정 한 의미와 그 선물을 한 사람의 마음을 다시 한번 마음에 새긴다. 선 물만 받고 선물을 준 사람을 생각하지 않으면 아이들 마음에 물질적 인 만족감만 생긴다.

얼마 전, 집에서 작은아이의 생일 파티를 했다. 이 파티는 100% 제시의 언니 사라와 사라의 친구 루리가 준비했다. 초대장을 만들고 케이크를 굽고 게임을 기획했다. 나는 너무 바빠서 준비 과정에 일절 관여하지 않았다. 내가 한 것은 파티 날 피자를 시켜준 것밖에 없다. 하지만 아이들이 있는 부엌에서는 종일 웃음이 끊이지 않았다. 결과적으로 파티는 너무 좋았고, 파티를 준비해준 사라와 루리도 너무나 행복해했다. 파티가 끝나자 사라와 루리는 너무 열심히 준비했는지 거의 뻗어버렸다. 제시는 그날 받은 선물에 온 정신이 팔려 있었는데, 파티가 끝난 다음에 사라와 루리에게 감사 인사를 하고 편지를 쓰라고 슬쩍 말해줬다. 사라와 루리는 제시의 감사 카드를 받고 타인을 위해 무언가를 해내는 성취감을 느꼈다.

훈육할 때처럼 가치관을 가르칠 때 중요한 점 역시 일관성이다. 엄마 아빠가 서로 옳다고 주장하는 것이 다르다면 아이 판단을 내리기 어렵다. 부모가 습관적으로 하는 말과 행동에 어떤 가치가 담겨 있는지도 돌아봐야 한다. 부모가 아이에게 가르치는 것에 정작 부모 자신이 반대로 행동하고 있을지도 모르기 때문이다. 예를 들어, 아이에게 항상 성취보다는 건강하고 여유 있는 삶을 추구해야 한다고 말하면서, 한편으로 아이가 휴식할 때는 잔소리를 하거나 뛰어난 성적에만 기뻐한다면 아이는 어떻게 행동해야 할지 모를 것이다.

그러니 부모는 먼저 자신이 정말로 옳다고 여기는 가치가 무엇인지 돌아보아야 한다. 만일 스스로도 혼란스럽다면 우선 필요한 일은 스스로의 가치관을 재정립하는 것이다. 감사, 여유, 용기, 정의, 열정, 창조 등 수많은 가치 중에서 가족이 좇았으면 좋겠다고 생각하는 가치에 대해 생각해보자. 그리고 어떤 말이나 행동을 해야 그러한 가치를 실현할 수 있는지 고민하고 실천해보자. 직접적인 교육보다 효과가 큰 것은 부모가 평소에 보여주는 행동이니 말이다.

나는 남편과 가치관에 대해 자주 이야기한다. 인생에서 꼭 지키고 싶은 가치가 무엇인지, 그걸 위해선 어떻게 살아야 할지, 아이들에게는 어떻게 알려줘야 할지 말이다. 예를 들어 우리는 가족 간의 행복, 모든 것에 감사하는 마음, 살아가는 재미 등은 절대 놓치지 말자고 약속했다. 우리 남편은 아이들에게 농담하고 장난치기를 좋아한다. 아이들이 즐겁게, 여유 있게 사는 법을 배워야 한다고 생각하기 때문이다. 원래 나는 그런 가벼운 가치들을 중요하게 생각하지 않았다. 그런데 시간이 갈수록 남편에게 동의하게 된다. 아이들이 경쟁으로 가득 찬 세상을 무시무시한 곳이라 여기면서 너무 독하게 살지 않았으면 좋겠다. 세상이 달콤하고 살아볼 만한 곳이라 여기고 행복해졌으면 좋겠다.

부모는 아이의 세계다. 아이들이 삶에 어떤 믿음을 품을지는 부모에게 달려 있다. 아이에게 세상이 살아볼 만한 곳이라는 사실을 알려주자.

지금 당장이
아니면
안 되는 것

아이는 꿈을 꿔야 한다. 구체적인 직업이 목표가 되어야 한다는 것이 아니다. 오히려 아이는 망상도 할 줄 알아야 한다. 꿈은 비현실적일 수도, 계속해서 바뀔 수도 있다. 초등학교 때 내 꿈은 화가, 달리기 선수, 분식집 주인이었다. 분식집 주인이 되고 싶었던 이유는 떡볶이가 너무 맛있었기 때문이다. 아이들에게 주제 파악하라는 식의 의심과 불안, 모욕은 접어두자. 커서 뭐가 되려고 하냐는 말도 지양해야 한다. 아이들은 꿈을 긍정하는 말에 큰 영향을 받는다.

한국의 많은 학생이 초등학교에 다닐 때부터 '대학 입학'을 꿈으로 삼는다. 하지만 부모는 아이들이 삶 전반에 대해 꿈꿀 수 있도록 장려해야 한다. 대입만을 목표로 한 학생들은 대학교에 입학 후에 더 깊은 공부를 시작해야 할 시기에 오히려 공부해야 할 동기와 목적을 잃는다. 자아실현, 적성, 진로 체험 등 자신의 재능을 더 발전시키기 위한 활동들은 모두 제쳐두고 오로지 대학만을 바라보고 공부했기 때문이다.

우리 시누이는 대학을 나오지 않았지만 대기업 비서로 일했고 지금은 학교에서 행정을 담당하는 유능한 직원이다. 친구 여동생의 경우 큰 출판사의 기획팀에서 30년을 일한 뛰어난 재원이지만 역시 대학을 나오지 않았다. 우리 사회의 많은 직업이 대학 교육이 필요하지 않다. 물론 학위는 필요할 수도 있다. 하지만 이미 학벌의 의미와 가치도 예전과 같지 않다. 앞으로 대학에 대한 사람들의 인식도 점차 변하게 될 것이다. 대학이 꼭 목표여야 한다면 왜 대학을 가야만 하는지 생각해봐야 한다. 그러면 대학에서 어떤 공부를 해야 할지도 답을 낼 수 있을 것이다. 아무 전공이든 괜찮으니 대학에 가는 것은, 삶 전반에 영향을 미칠 전문성을 훈련할 20대 시기에 악영향을 끼친다.

그렇다고 해서 꿈꾸기를 강요해서도 안 된다. 요즘 한국 학원가에는 '초등 의대반'을 만들어 초등학생 아이들에게 중학교 교과를 가르친다. 아이들은 공부를 좋아하고 잘하면 무조건 의사가 돼야 하는 듯한 분위기 속에서 자라난다. 의사는 물론 멋진 직업이다. 하지만 아이가 성장하고 문득 자기 인생이 온전히 자기 것이 아니라는 사실을 느낄 때, 사람은 큰 좌절감과 불안감을 느낀다. 자기 인생을 주체적으로 살지 못했다는 사실에 자기혐오에 빠지기도 한다.

아이들이 다양한 꿈을 꿀 수 있도록 부모가 도와주어야 한다. 상상의 날개를 달아주고 자유롭게 꿈꾸도록 응원해야 한다. 아인슈타인은 큰 꿈을 가진 사람이, 많은 것을 아는 사람보다 힘이 세다고 말했다. 하지만 꿈이 장래희망과 동의어라는 생각은 접어두어야 한다. 우리는 아이에게 꿈이 아닌 장래 희망을 너무 자주 묻는다. 영국인들은 아이에게 장래 희망을 묻기를 삼간다. 초등학교도 들어가지 못한 어린이가 장래의 직업을 어떻게 제대로 그려볼 수 있을까? 나는 아이들의 꿈은 미래에도 지속될 지금의 행복, 혹은 지금보다 더 큰 행복이라고 생각한다. 그래서 아이들이 즐거움을 좇을 수 있도록 아이들의 관심사를 매 순간 관찰한다. 그리고 그런 활동을 잘 해냈을 때 아낌없이 칭찬한다. 우리 아이들은 뭔가를 쌓고 만드는 활동을 좋아한다. 그렇다고 건축가나 설치미술가가 되라는 소리를 한 적은 없다. 다만 아이들이 즐거움을 좇을 수 있도록 관련된 자료나 책들을 슬쩍 옆에 놓아줄 뿐이다.

최고의 공부 동력

한국 말에서 '먹고살다'라는 표현은 중요하다. 예전에는 정말 모두가 먹고살 궁리를 해야 했다. 우리 아버지만 해도 먹고사는 문제 때문에 하고 싶은 공부를 포기해야 했다. 하지만 이제 한국은 그런 어려운 시기를 아득히 넘어왔다. 그런데 아직도 한국은 이 말을 너무 많이 쓰고 있다. 이 말을 영어로 바꾸면 'survive'라고 할 수 있을 것 같은데, 영국에서 이 동사를 쓰는 경우를 보기는 힘들다. 우리는 아이들에게 이제 먹고사는 법보다 인생을 즐기는 법을 가르쳐줘야 한다. 영국에서는 취미를 사치가 아니라 삶의 일부로 여긴다. 취미는 즐거움을 느끼는 행위 이상으로 일상에서 벗어나서 자신을 발전시키는 좋은 방법이다. 즐거움이 행복을 만든다는 점에서 취미는 삶의 사치 조건이 아닌 필수조건이다.

서울대학교 심리학과 최인철 교수의 저서 《아주 보통의 행복》에는 "행복 천재는 좋아하는 것이 많다."라는 표현이 나온다. 서울대학교 행복연구센터 연구 결과 행복감이 높은 사람일수록 좋아하는 것이 많고 그 범주가 다양하며, 좋아하는 것에 대한 설명도 구체적이었다는 것이다. 또한 좋아하는 것을 잘 해낼 때의 경험이 자신에 대한 자부심과 행복감을 느끼게 한다.

미국 여론조사기관인 퓨 리서치 센터Pew Research Center에서 선진국들을 대상으로 인생을 의미 있게 만드는 것에 대해 조사했다. 우리나라의 경우 취미나 여가를 고른 비중은 3%로, 조사 대상국 중 가장 낮았다. 그에 비해 영국은 22%로, 매우 높게 나타났다. 영국에 살다 보면 이러한 조사 결과는 실제 피부로 느낄 수 있다. 대부분이 자기만의 취미를 가지고 있다. 그림, 뜨개질, 악기 연주, 스포츠 등등 다양하다. 동호회에서 공연, 토너먼트, 전시회를 열기도 한다.

아이들도 이런 환경에서 자기가 좋아하는 것들을 적극적으로 삶에 끌어들인다. 옥스퍼드대학교 진학을 희망하는 영국의 한 학생은 우리나라 고등학교 3학년에 해당하는 학년에 다니면서도 항상 그림을 그리거나 뜨개질을 했다. 한국이었으면 입시를 앞둔 고3이 무슨 취미 생활이냐고 잔소리를 듣지 않았을까? 또 다른 중학생은 여름 방학 때 판타지 소설을 쓸 거라고 했다. 그리고 좋아하는 하키도 열심히 할 거라고 했다. 스포츠 시설이 갖춰진 섬으로 가족들과 여행을 가서 2주 정도 운동하다가 올 거라고 했다. 학기 중에 스트레스를 받을 땐 운동이나 제빵을 한다고 했다. 두 학생 모두 학교에서 모범생으로 꼽히는 학생들이었다.

영국에서 만난 사람들은 공부를 위해서 좋아하는 것을 포기해야 한다고 생각하지 않는다. 공부도 삶의 일부, 취미도 삶의 일부이다. 그 균형을 맞추며 살아간다. 대학생들도 직장인들도 마찬가지다. 크리켓, 배구, 축구, 요가, 복싱, 줄타기, 나무에 매달리는 맨몸 운동 등 공원에서 목격되는 스포츠 종류도 다양하다. 얼마 전 런던을 여행하다가 그래피티(길거리 벽화)를 그리는 사람을 만났다. 뒷모습만 보고 말을 걸었는데 알고 보니 연세가 지긋한 노인분이셨다. 몇 년 전에 은퇴하고 새로운 취미로 시작했다고 말했다. 그곳에는 아이부터 노인까지 다양한 연령대의 사람들이 모여 있었다.

인생을 즐기고자 취미와 일, 취미와 공부의 균형을 잡는 것도 습관이다. 이런 습관이 없다면 경쟁사회에서 인생을 즐길 틈을 내기가 힘들어진다. 취미와 여가를 즐기는 방법까지 잊어버리게 될 것이다. 그러니 부모는 아이가 성향에 맞는 취미를 가질 수 있도록 환경을 제공해주어야 한다. 많은 사람들과 어울리는 역동적인 활동을 좋아하는 아이가 있다. 이와 다르게, 차분하게 조용히 시간을 보내며 책을 읽거나 그림 그리는 것을 좋아하는 아이도 있다. 아이들의 차이점을 이해하고 존중하면서, 아이들이 뭔가 좋아하는 마음을 잃지 않도록 도와주자. 공부에 대해 고민하는 것만큼 아이들과 어떻게 하면 더 재미있게 놀 수 있을까를 고민해보았으면 좋겠다. 이렇게 균형 잡힌 삶 속에서 안정된 정서를 가진 아이에게 학습 능력은 덤으로 따라올 것이고, 좋아하는 것들을 즐기던 유년의 추억은 언제든 돌아가 몸을 누일 수 있는 오아시스로 남을 것이다.

_____ 그러니까
_____ 지금 해라

　　　부모는 생각보다 아이와 집중적으로 친밀도를 높일 시간이 많지 않다. 아이가 중고등학생이 되면 중요한 시험이 생기고 공부하는 내용은 어려워지고 양이 늘어난다. 또 학교나 학원, 친구 등 가족 이외의 사람들과 집 밖에서 보내는 시간이 점점 늘어난다. 그런 점을 생각하면 부모와 아이들이 집에서 함께 부대끼며 보내는 시기는 짧다. 자기 부모와의 관계에서 아마 대부분 경험해봤을 것이다.

2018년 실제로 초록우산어린이재단 조사에 따르면, 우리나라의 초등학교 4학년부터 고등학생 아이가 가족들과 함께 보내는 시간은 하루에 단 13분밖에 되지 않았다. 그렇게 생각하면 아이와 부모가 집중적으로 함께 시간을 보내며 다정하고 친절한 추억을 만들 수 있는 시간은 10년 남짓이다.

온 가족이 함께 즐길 수 있는 게임을 마련해보는 건 어떨까? 우리 가족은 저녁 식사 후에 카드놀이를 한다. 텔레비전을 같이 보는 것도 좋지만, 대화에는 카드놀이만 한 것이 없다. 함께 매일 식사할 수 있다면 좋고, 식사 시간이 대화로 가득 차면 더 좋다. 아이들이 신나게 말하게 하는 데는 부모의 어투도 중요하다. "오늘 숙제는 다 했니?", "밥 먹고 바로 다 끝내라" 같은 확인과 지시의 어투는 식사 시간을 청문회처럼 만들어버린다. "오늘 하루는 어땠니?", "재미있는 일이 있었니?"처럼 아이의 일상과 감정을 존중해야 한다. 그래야 아이는 이런 대화가 오가는 집을 편안하게 느낄 것이다.

남편의 아버지이자 나의 시아버지이자 우리 아이들의 할아버지는 정말로 남편에게 친구 같은 분이셨다. 항상 어머니의 빈자리를 채워주셨다고 한다. 그리고 아버지에게는 모든 것을 이야기할 수 있었다고 한다. 청소년 시절에 방황할 때도 아버지는 남편을 나무라지 않으시고 기다렸다고 한다. 이젠 돌아가셨지만 자신을 유치원에 데려다주시면서 조곤조곤 이야기를 들려주시던 아버지의 환한 웃음이 요즘도 생각난다고 한다. 그는 아버지로부터 참 아름다운 기억을 유산으로 물려받은 것이다. 우리는 아이에게 어떤 유산을 물려줄 수 있을까?

수욕정이풍부지 자욕양이친부대樹欲靜而風不止 子欲養而親不待라는 말이 있다. "나무는 고요하고자 하나 바람이 그치지 않고, 자식은 효도하고자 하나 부모는 기다려주지 않네."라는 의미다. 고사성어 풍수지탄風樹之歎과 관련된 《한시외전》의 구절이다. 부모님께 효도할 수 있는 시간은 생각보다 길지 않다. 그런데 그 말은 아이들을 사랑할 시간도 그리 길지 않다는 것을 뜻한다. 아버지가 돌아가시기 전에 나는 아버지 앞에서 그동안 자주 찾아뵙지 못했던 죄송함과 아쉬움, 슬픔의 말을 전하며 고개를 떨궜다. 아버지는 내 손을 잡고 말씀하셨다. "모두 바빴으니까…" 우리 인생은 참 바쁘다. 하지만 이런 바쁜 시간이 우리 일상의 주인이 되게 내버려두지 말자. 소중한 시간과 경험이 우리 삶의 주인이 되게 하자. 우리는 나중에 즐기자고 말하지만, 나중은 너무 멀다. 오늘을 살고 지금 더 사랑을 나누자.

행복 감각 UP!

* 아이가 언제, 어떤 시간에 행복해하는지 물어봐주세요.

* 배움을 재촉하거나 눈에 보이는 성과에 너무 집중하지 마세요. 아이가 자기만의 경험을 꼭꼭 씹어먹고 제대로 소화하게 해주세요.

* "어떻게 생각해?" 아이의 생각을 물어보세요. 그리고 "아, 그렇게 생각할 수도 있구나." 대답하면서 이야기를 들어주세요. 아이가 생각하고 표현할 수 있는 시간을 충분히주세요. 아이도 부모의 의견을 편하게 물을 수 있는 분위기를 만들어주세요.

* 아이가 작은 일에도 감사한 마음을 가지게 해주세요. 도움을 받았을 때, 선물을 받았을 때, 이를 당연하게 여기지 않도록 해주세요. 부모도 아이에게 감사함을 듬뿍 표현해주세요.

* 가족이 함께할 수 있는 게임을 마련해두고 정해진 시간에는 꼭 함께 즐겨요. 집 밖에서 할 수 있는 스포츠도 좋아요. 아이와 함께 웃고 즐겨주세요.

* 하루에 한 번은 가족이 다 함께 밥 먹을 수 있는 편안한 식사 시간을 마련해주세요. 집은 행복하고 안전한 곳이라고 여기게 해주세요.

* 명령하지 말고 대화해주세요. 아이의 학업이 아니라 아이에게 관심

을 가지세요.

* 아이의 행복한 삶을 위해서 때로는 시류를 따르지 않는 과감한 선택이 필요할 때도 있어요. 아이를 위하는 것이 무엇일지 생각한 후에는 용기를 내주세요.

목련의 향기

나는 전형적인 흙수저 집안에서 자랐다. 가끔은 내가 옥스퍼드대학의 교수로 있다는 게 믿기지 않을 때도 있다. 우리 아버지는 내게 큰 영감을 주셨다. 아버지는 공부를 정말로 즐기는 분이셨지만, 집안 형편이 너무 어려워 대학을 1학년 1학기만 다니고 중퇴하셨다. 배고프면 물을 마시며 허기를 때웠다는 아버지의 이야기를 들을 때마다 애잔한 마음과 동시에 가슴 깊숙이 오기 같은 것이 생기기도 했다. 아버지를 기쁘게 해드리기 위해 공부를 잘해서 성공해야겠다는 생각을 많이 했다.

충청남도 조치원과 청양이 어린 시절에 내가 누비던 곳이다. 청양에 살 때 내 친구 중에는 정말로 책보를 싸서 산 넘고 물 건너 학교에 오는 아이들이 있었다. 한 번은 10세 때 친구 집에 놀러 갔는데 돌아오는 길이 참 무서웠다. 산 넘고 개울 건너 나를 데려다준 친구는 다시 혼자 자기 집으로 돌아갔다. 어쩌다 서울에서 누가 전학이라도 오면 우리는 서울 아이 주변을 신기해서 맴돌곤 했다. 대학에 와서는 서울 아이들에 대한 콤플렉스도 있었다. 그렇지만, 시골에서의 어린 시절이 지금 내 언어 감수성의 보고가 되었다.

초등학교 5학년 때 선생님께서는 도시로 전학 가는 나에게 편지를 주셨다.

"아름다운 것을 아름답게 볼 줄 아는 눈을 갖고 커주렴."

이 구절은 35년이 지난 지금도 내게 울림을 준다.

어린 시절에 시골에서 산으로 들로 놀러 다니는 게 일상이었다 보니, 내게는 늘 아름다운 자연을 찾고 볼 여유가 있었다. 옹기 장사를 하시던 할머니의 리어카를 타고 배달을 갔다 오면 봄바람에 목련 향기가 실려 왔다. 지금도 내게 세상에서 가장 달콤한 향기가 그 목련 향기다.

내가 가장 좋아하는 비유는 물컵에 물이 반이 있을 때, 반밖에 없다고 볼 수도, 반씩이나 있다고 볼 수도 있다는 비유다. 나는 디지털 선진국인 한국의 미래가 밝다고 생각한다. 한국은 경제 발전을 넘어 한류를 통해 문화를 세계에 알리고 있다. 마찬가지로 교육도 변할 것이고, 나아질 것이라고 본다.

유년기 아이들의 행복 교육은 선생님이나 정부가 해줄 수 있는 게 아니다. 학원은 더더욱 아니다. 부모가 주도해야 한다. 그렇다고 뭔가 새로운 것을 더 하라는 것도, 엄마 아빠가 모든 짐을 다 짊어지라는 것도 아니다. 아이가 날아갈 수 있도록 날개를 달아주고, 믿어주고 사랑해주는 것이 부모가 할 일의 전부다. 육아와 교육에 있어서는 나와 남편도 실수의 연속이다. 그렇지만, 그렇게 우리도 아이들과 함께 성장한다.

누구나 인생에 고비가 있다. 그때마다 부모가 아이의 뒤치다꺼리를 할 수는 없고 그렇게 해서도 안 된다. 아이들은 스스로 둥지 밖으로 날아가는 법을 배워야 한다. 부모의 역할은 아이가 건강하게 홀로 설 수 있게 돕는 것이다. 끊임없이 믿고 사랑하고 격려하는 것. 그게 다다. 이후에는 각자의 역량에 맞게 각자의 길을 가는 것이다. 자녀 교육에 정답은 없다. 모두가 각자에게 가장 맞는 방법을 찾아야 한다. 나의 작은 경험이 조금이라도 도움이 되길 바란다.

아이들이 아름다운 것을 아름답게 볼 수 있는 행복하고 건강한 삶을 살도록, 부모님들이 모두 용기를 보태주시길 바라는 마음으로 이 책을 맺는다. 아이의 행복한 삶을 위해 뭔가를 하기에 늦은 시간은 없다. 오늘부터 시작하면 된다.

　　대학원을 졸업하고 영국에 유학 와서는 소심한 성격에 방황을 좀 했다. 지도 교수님께 결국은 포기하겠다는 이메일을 썼는데, 교수님은 그때 나에게 영어로 "Take heart, Jieun(지은아, 힘내. 용기를 가져)."이라고 해주셨다. 그게 어찌나 감사하던지. 나는 많이 울었고, 다시 용기를 내서 학위를 마칠 수 있었다. 마음이 힘들고 지칠 때 우리는 어느 때보다도 사랑과 위로가 필요하다. 말 한마디가 사람을 살릴 수도 있고 죽일 수도 있다. 아이들에게는 더더욱 그렇다. 어릴수록 말 한마디의 힘이 중요하다.

　　이런 책을 쓰는 데 나도 용기가 필요했다. 옥스퍼드대학교 교수가 한국 실정에 대해서 뭘 안다고 이런 책을 쓰는가, 확신이 서지 않았다. 나의 소심한 성격과 바쁜 하루하루… 연구도 해야 하는데, 시간이 없었다. 이 책을 쓰게 된 동기는 남편의 지인이면서 레딩 대학의 미술사학과 교수로 계시던 돌아가신 로저 쿡Roger Cook 교수님 덕분이었다. 그분은 내게 배움을 공유하는 것이 공적 지성인의 의무라는 사실을 가르쳐 주셨다. 무엇보다 영국에서 이제 22년을 살면서 내가 경험한 것들, 학생으로, 교수로, 엄마로서 배우고 느낀 것들을 이 책에 담아서 모국인 한국에 소개하고 싶었다.

많은 분들이 도와주셨다. 특히 나의 교육 이야기를 하나하나 들어주고 같이 고민해주면서 원고 정리를 도와준 윤태연 선생님에게 감사의 마음을 전한다. 가족들, 친구들, 지인들, 학생들에게 모두 고맙고 감사하다. 쌤앤파커스 강동욱 편집자님에게도 감사의 말씀을 전한다.

이 책의 원고를 마친 오늘은 돌아가신 시아버님의 생신이시다.
이번 달은 나의 사랑하는 아버지가 소천하신 달이기도 하다.
4월은 나에게는 참 그리운 달이다.

부족한 이 책을 그리운 분들께 바친다.

노란 수선화 가득한 뜰을 바라보며.

[참고문헌]

 ☀ 김소옥. (2022년 8월 29일). 2021년 전국다문화가족실태조사. 여성가족부. http://
   www.mogef.go.kr/mp/pcd/mp_pcd_s001d.do?mid=plc503

 ☀ 김양중. (2016년 2월 19일). 한국 영유아 수면시간, 서양 아이들보다 1시간 부족. 한겨
   레. https://www.hani.co.kr/arti/society/health/731166.html

 ☀ 김태훈. (2022년 5월 3일). '학원 다니느라' 어른 퇴근시간에 귀가하는 어린이들. 경향
   신문. https://www.khan.co.kr/national/education/article/202205032135015

 ☀ 김현수. (2019). 요즘 아이들 마음고생의 비밀. 해냄출판사.

 ☀ 마누시 조모로디. (2018). 심심할수록 똑똑해진다. 와이즈베리.

 ☀ 문가영. (2023년 1월 27일). "의대 가려고 반수해요"⋯SKY 자연계생 '이유 있는' 자퇴
   [스물스물]. 매일경제. https://www.mk.co.kr/news/society/10621210

 ☀ 민서연. (2023년 1월 13일). 韓 명품소비 세계 최고수준...1인당 연간 40만원 지
   출. 조선비즈. https://biz.chosun.com/international/international_econo-
   my/2023/01/13/VUVHV7L2ENA43EZQSAXN52NQXI/

＊ 박종언. (2022년 7월 17일). 의사들 우울증 겪을 확률 타 직종 직장인들보다 높아…
20~30대 의사 번아웃 심각. 마인드포스트. http://www.mindpost.or.kr/news/arti-
cleView.html?idxno＝7361

＊ 베네딕트 캐리. (2016). 공부의 비밀. 문학동네.

＊ 앙투안 드 생택쥐페리. (2005). 어린 왕자. 계림북스.

＊ 오 헨리. (2013). 마지막 잎새(한글판). 미르북컴퍼니.

＊ 우리 아이가 푹빠진 '마인크래프트'…얼마나 아세요?. (2016년 3월 5일). KBS NEWS.
https://news.kbs.co.kr/news/view.do?ncd＝3243331

＊ 유안진. (2011). 지란지교를 꿈꾸며. 서정시학.

＊ 윌리엄 스틱스러드, 네드 존슨 (2022). 놓아주는 엄마 주도하는 아이. 쌤앤파커스.

＊ 이한길. (2013년 8월 25일). [리싱콩 국립교육원장 인터뷰] 단순 지식 교육 줄
이고, 스스로 생각하고 배우게. 중앙일보. https://www.joongang.co.kr/arti-
cle/12430604#home

＊ 이현지. (2019년 12월 1일). 젊은 서울대생의 우울. 대학신문. http://www.snunews.
com/news/articleView.html?idxno＝20815

＊ 전재은. (2022년 5월 25일). 2022 청소년 통계. 여성가족부. http://www.mogef.
go.kr/nw/enw/nw_enw_s001d.do;jsessionid＝lSrQZiQAAMl2yhL0nALbD7Ea.
mogef11?mid＝mda700&bbtSn＝710167

＊ 정봉오. (2020년 7월 30일). 대학생 공부시간, 초등학생보다 적다. 동아일보. https://
www.donga.com/news/Society/article/all/20200730/102234113/2

＊ 정슬기. (2017년 1월 9일). 만 2세부터 사교육 시달리는 한국. 매일경제. https://www.
mk.co.kr/news/society/7671756

＊ 조유라. (2023년 2월 9일). "VR로 나비 키우며 생육 관찰하고 메타버스서 게임하듯
수학 풀어요". 동아일보. https://www.donga.com/news/article/
all/20230209/117801227/1

＊ 조지은, 송지은. (2019). 언어의 아이들. 사이언스북스.

＊ 조지은, 안혜정, 최나야. (2021). 영어의 아이들. 사이언스북스.

* 최인철. (2021). 아주 보통의 행복. 21세기북스.
* '노벨상' 목마른 韓…"무명 과학자의 아이디어가 노벨상 된다". (2019년 9월 25일). 동아일보. https://www.donga.com/news/It/article/all/20190925/97573474/1
* "서울 초·중학생 10명 중 1명은 학원 4개 이상 다녀". (2019년 9월 13일). 한경. https://www.hankyung.com/society/article/201909138098Y
* Davis, A. (2022, Dec 23). Affection Critical For Young Childen's Brain Development. KSLTV. https://ksltv.com/455310/affection-critical-for-young-childrens-brain-development/
* Dong, S. (2022, Nov 02). Oxford professor stresses significance of digital literacy. The Korea Times. https://www.koreatimes.co.kr/www/culture/2023/02/135_339050.html
* Fromkin, V., Rodman, R., & Hyams, N. (2010). An Introduction to Language. Cengage Learning.
* Hardy, B. (2020, May 27). Don't Let Your Children Take the Myers-Briggs. Psychology Today. https://www.psychologytoday.com/gb/blog/quantum-leaps/202005/dont-let-your-children-take-the-myers-briggs
* Hartshorne, J. K., Tenenbaum, J. B., & Pinker, S. (2018). A critical period for second language acquisition: Evidence from 2/3 million English speakers. Cognition, 177, 263-277.
* Kiaer, J. (2023). Alongside AI: A Linguist's Response to the Recent Release of ChatGPT [Unpublished manuscript].
* Kiaer, J. (2023). Doing Language with AI [Unpublished manuscript].
* Kiaer, J. (2023). Multi-modal communication in young multilingual children: a case study of Korean-English families. Multilingual Matters: UK.
* Kiaer, J., Morgan, J., & Choi, N. (2021). Young Children's Foreign Language Anxiety: The Case of South Korea. Multilingual Matters: Bristol, UK.
* Mehrabian, A. (1971).Silent messages. Belmont, CA: Wadsworth.

* Prensky, M. (2001). Digital natives, digital immigrants part 1. On the horizon 9, No.5.

* Silver, L., Van Kessel, P., Huang, C., Clancy, L. & Gubbala, S. (2021, Nov 18). What
* Makes Life Meaningful? Views From 17 Advanced Economies. Pew Research
* Center. https://www.pewresearch.org/global/2021/11/18/
  what-makes-life-meaningful-views-from-17-advanced-economies/?fb-
  clid=IwAR3QNQ23KJzJPQ6K_LhIpg9XP79wVfyZlAAozEBFnXnLgtYBerm5oY-
  620fc

* Vik, F.N., Nilsen, T. & Øverby, N.C. Associations between sleep deficit and
  academic achievement – triangulation across time and subject domains among
  students and teachers in TIMSS in Norway. BMC Public Health 22, 1790 (2022).
* https://doi.org/10.1186/s12889-022-14161-1

* Welsh teenagers learn from South Korea school swap. (2016, Nov 28). BBC.
  https://www.bbc.co.uk/news/uk-wales-38080752

* Woolcock, N. (2023, Feb 27). International Baccalaureate lets pupils use ChatGPT
  to write essays. The Times. https://www.thetimes.co.uk/article/internation-
  al-baccalaureate-lets-pupils-use-chatgpt-to-write-essays-fqkq0fzhw

[참고영상]

* 교육대기자TV. (2023 1월 8일). 27년간 소아정신과 진료하며 깨달은 것들!!(천근아 교수)[영상]. 유튜브. https://youtu.be/F6hTSCqsnME

* 디글 클래식. (2021년 5월 2일). [#유퀴즈온더블럭] 조세호보다 한국어 잘하는 우즈벡 자기님?! 최소 인생 2회차인 시크 + 귀요미 자기님 소개합니다 EP29 | 티비냥 | CJ ENM 190806 방송 [영상]. 유투브. https://youtu.be/2bHBdk70fZg

* 세바시 강연. (2019년 6월 19일). (Kor)융합적 사고를 위해 버려야 할 것 | 조승연 '시 크:하다' 저자, 작가 | 교육 미래 시험 공부 청소년 | 세바시 1061회 [영상]. 유튜브. https://youtu.be/srp8defXNNI

* 엠뚜루마뚜루 : MBC 공식 종합 채널. (2022년 7월 5일). [물 건너온 아빠들] 상위 0.3% 영재 아들을 키워낸 알베르토의 육아 실력 거의 이탈리아의 오은영 박사님 수 준 | #알베르토 #장윤정 #인교진 MBC220703방송 [영상]. 유튜브. https://youtu.be/ydT-sbkopiw

* 티비엔 스토리. (2023년 1월 8일). 스티브 잡스가 어린 자녀들에게 스마트폰을 쓰지

못하게 한 이유 | #미래수업 #Diggle [영상]. 유튜브. https://youtu.be/e0uRn4h-53Do

 * EBS 교양. (2021년 3월 30일). 당신의 문해력 – 6부– 소리 내어 읽으세요_#002 [영상]. 유튜브. https://youtu.be/-FbDwwJP7uk

 * MBCNEWS. (2023년 3월 3일). "귀한 아이들"···나홀로 입학도 수두룩 (2023.03.03/뉴스데스크/MBC) [영상]. 유튜브. https://youtu.be/XXCS2rzSt0o

 * YTN. (2023년 1월 31일). [자막뉴스] '이 숙제를 누가 했다고?'...충격받은 구글 "직원 소집"/ YTN [영상]. 유튜브. https://youtu.be/qRtUDKf6mM4

공부 감각, 10세 이전에 완성된다

2023년 7월 12일 초판 1쇄 | 2025년 1월 17일 8쇄 발행

지은이 조지은
펴낸이 이원주

책임편집 강동욱
기획개발실 강소라, 김유경, 박인애, 류지혜, 이채은, 조아라, 최연서, 고정용
마케팅실 양근모, 권금숙, 양봉호, 이도경 **온라인홍보팀** 신하은, 현나래, 최혜빈
디자인실 진미나, 윤민지, 정은예 **디지털콘텐츠팀** 최은정 **해외기획팀** 우정민, 배혜림, 정혜인
경영지원실 강신우, 김현우, 이윤재 **제작팀** 이진영
펴낸곳 (주)쌤앤파커스 **출판신고** 2006년 9월 25일 제406-2006-000210호
주소 서울시 마포구 월드컵북로 396 누리꿈스퀘어 비즈니스타워 18층
전화 02-6712-9800 **팩스** 02-6712-9810 **이메일** info@smpk.kr

ⓒ 조지은(저작권자와 맺은 특약에 따라 검인을 생략합니다)
ISBN 979-11-6534-762-8 (03590)

쌤앤파커스(Sam&Parkers)는 독자 여러분의 책에 관한 아이디어와 원고 투고를 설레는 마음으로 기다리고 있습니다. 책으로 엮기를 원하는 아이디어가 있으신 분은 이메일 book@smpk.kr로 간단한 개요와 취지, 연락처 등을 보내주세요. 머뭇거리지 말고 문을 두드리세요. 길이 열립니다.